U0182670

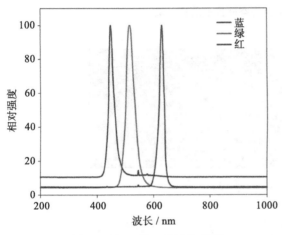

图 2-3　彩色图像对应的 Mat 数据在内存中的存储形式

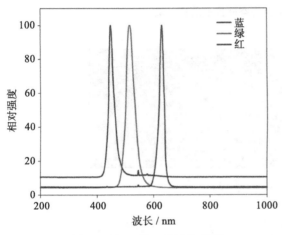

图 3-1　红、绿、蓝波长范围

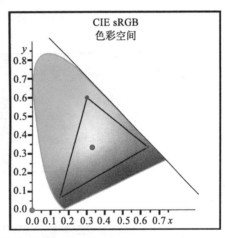

图 3-2　sRGB 色彩空间

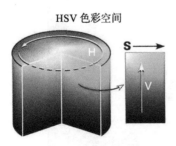

图 3-3　HSV 色彩空间

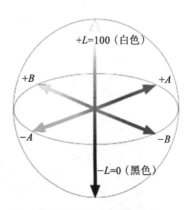

图 3-4　LAB 色彩空间

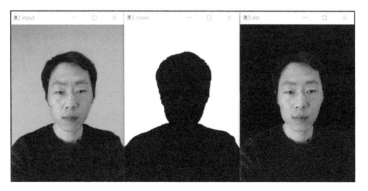

图 3-5　基于 HSV 色彩空间提取前景对象

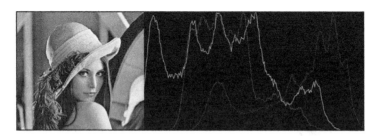

图 4-4　彩色图像三通道直方图

图 4-7　彩色图像直方图均衡化

图 5-18　原图与叠加了高斯噪声的图像

图 7-1　二值化示例原图

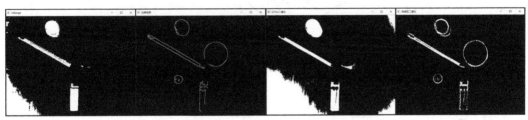

a）像素值范围　　　　b）边缘检测　　　　c）全局阈值　　　　d）自适应阈值

图 7-2　4 种二值化方法对比

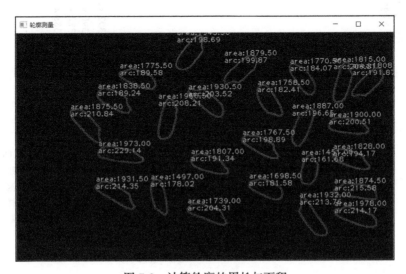

图 7-9　计算轮廓的周长与面积

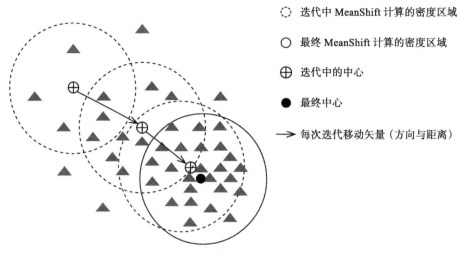

⬚ 迭代中 MeanShift 计算的密度区域

◯ 最终 MeanShift 计算的密度区域

⊕ 迭代中的中心

● 最终中心

⟶ 每次迭代移动矢量（方向与距离）

图 10-5　均值迁移原理示意图

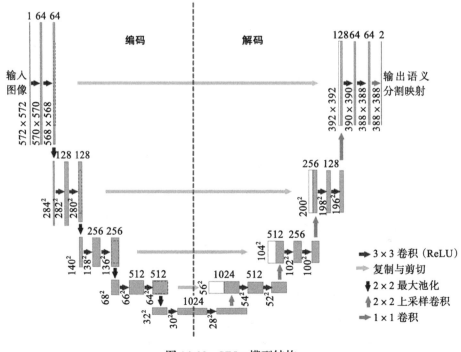

图 14-12　UNet 模型结构

智能系统与技术丛书

OpenCV4
应用开发

入门、进阶与工程化实践

贾志刚　张　振◎著

OpenCV Application Development
from Introduction to Engineering Practice

机械工业出版社
CHINA MACHINE PRESS

图书在版编目（CIP）数据

OpenCV4 应用开发：入门、进阶与工程化实践 / 贾志刚，张振著 . —北京：机械
工业出版社，2023.11（2025.1 重印）

（智能系统与技术丛书）

ISBN 978-7-111-73720-9

I. ① O… II. ①贾… ②张… III. ①图像处理软件 – 程序设计 IV. ① TP391.413

中国国家版本馆 CIP 数据核字（2023）第 159053 号

机械工业出版社（北京市百万庄大街 22 号　邮政编码 100037）
策划编辑：杨福川　　　　　责任编辑：杨福川　　孙海亮
责任校对：丁梦卓　　王　延　责任印制：常天培
固安县铭成印刷有限公司印刷
2025 年 1 月第 1 版第 3 次印刷
186mm×240mm·16.25 印张·2 插页·349 千字
标准书号：ISBN 978-7-111-73720-9
定价：99.00 元

电话服务　　　　　　　　　网络服务
客服电话：010-88361066　机　工　官　网：www.cmpbook.com
　　　　　010-88379833　机　工　官　博：weibo.com/cmp1952
　　　　　010-68326294　金　书　网：www.golden-book.com
封底无防伪标均为盗版　机工教育服务网：www.cmpedu.com

前　言

为什么要写这本书

　　当前，人工智能热潮席卷学术界与工业界，人工智能已经成为时下热门的词汇。人工智能领域有两个最引人注目的技术——计算机视觉（CV）与自然语言处理（NLP）。其中，计算机视觉应用范围广泛，应用场景众多，市场迫切需要不同层次的计算机视觉专业人才。

　　作为当下主流的计算机视觉开发工具与平台之一，OpenCV 从测试版本发布至今已有20 余年，得到业界知名公司与广大开发者的认可。当前 OpenCV 已经集成了 2000 多个计算机视觉相关算法，支持深度学习模型的部署、推理。

　　我对图像处理的兴趣始于大学做毕业设计时。工作了一段时间之后，一个偶然的机会让我重拾对图像处理的兴趣。于是从 2011 年开始，我把大量的业余时间都投入到该技术领域，并且接触到了 OpenCV 开发框架。使用 OpenCV 框架帮助我节省了很多时间，加快了项目交付速度。后来我在博客与个人微信公众号"OpenCV 学堂"上发表了大量 OpenCV 开发相关的文章，得到了很多读者的反馈、支持与鼓励。通过撰写这些文章，我对如何更好地使用 OpenCV 进行实际项目开发有了更多思考，也对技术背后的知识有了更深理解与认知。

　　OpenCV4 发布于 2018 年，现已成为 OpenCV 框架的主流版本之一。相比之前的版本，OpenCV4 的大量函数接口都符合并支持 C++11 标准，学习起来就像学习其他面向对象编程语言一样容易。此外，OpenCV4 支持多种加速机制，可以实时加速传统算法及深度学习模型。OpenCV4 在性能、稳定性、易用性上完全超越了之前的各个版本。

　　国内已经出版了很多 OpenCV 的书籍，但是我觉得还没有一本书能够完整涵盖OpenCV4 开发的技术路径。所以，我认为我有责任把自己多年的 OpenCV 项目开发经验通过本书毫无保留地呈现给广大读者。希望这本书能帮助初学者掌握基于 OpenCV 框架进行开发的技术，进而投身到人工智能的技术浪潮中去。

读者对象

　　本书适合以下读者阅读：

- ❑ 计算机视觉领域的从业者。
- ❑ OpenCV 的爱好者。
- ❑ 高等院校相关专业的师生。
- ❑ C++/Python 开发者。

如何阅读本书

本书共 16 章，分为 3 篇，由浅入深地讲解 OpenCV 的技术及应用。

基础篇（第 1 ～ 4 章）主要介绍了 OpenCV4 框架中基础模块相关的图像知识、函数及应用。

进阶篇（第 5 ～ 12 章）深入介绍了 OpenCV4 核心模块的功能与应用场景，主要包括图像卷积、二值分析、形态学分析、特征提取、视频分析、机器学习模块等，其中穿插大量实践案例。

高级与实战篇（第 13 ～ 16 章）全面介绍了 OpenCV4 支持的各种性能加速技术与深度学习模型推理技术，从项目实现出发，讲解了对象检测、缺陷检测、深度学习模型加速等高级应用层面的 OpenCV 开发技术。

其中，第 14 章的大部分内容由我的好友与合作者张振撰写。特别感谢他在我需要帮助时，给予我大力支持并提供高质量图书内容。

如果你是一个初学者，我建议你从第 1 章开始依序阅读本书；如果你已经接触过 OpenCV，已有一定的基础，可以从进阶篇开始阅读；如果你使用过 OpenCV 并有一定的开发经验，可以根据需要进行阅读。

源码是本书内容的一部分，希望读者在阅读本书的同时，通过代码实践加深对书中内容的理解与认知，正所谓"纸上得来终觉浅，绝知此事要躬行"。

勘误和支持

由于我的水平有限，书中难免会出现一些错误或者不准确的地方，恳请读者批评指正。我已经把本书配套源码上传到码云上，访问地址为 https://gitee.com/opencv_ai/book-opencv4-practice。如果有读者想直接提交勘误之后的代码，请先通过我的邮箱 57558865@qq.com 联系我，经同意后即可提交。同时，我也会根据读者反馈修改、更新源码，所以建议读者在阅读本书之前先从码云上获取最新的配套源码。

如果读者有更多的宝贵意见，也欢迎发送邮件给我，期待读者的真挚反馈。

致谢

感谢"OpenCV 学堂"微信公众号上一直支持我的各位读者朋友,感谢你们直言不讳地指出了我文章中的很多不妥之处与需要改进的地方,感谢你们的宝贵建议。感谢 OpenVINO 中文社区的堵葛亮为第 15 章提供技术支持与建议。

谨以此书献给众多热爱 OpenCV 的朋友们,希望你们未来可以创造更大的社会价值。

贾志刚

目　　录

前言

基础篇

第1章　OpenCV 简介与安装 / 2

1.1　OpenCV 简介 / 2

　　1.1.1　OpenCV 历史 / 2

　　1.1.2　OpenCV 的模块与功能 / 3

　　1.1.3　OpenCV4 里程碑 / 4

　　1.1.4　OpenCV 发展现状与
　　　　　应用趋势 / 4

1.2　OpenCV 源码项目 / 4

1.3　OpenCV4 开发环境搭建 / 5

1.4　第一个 OpenCV 开发程序 / 6

1.5　图像加载与保存 / 7

　　1.5.1　加载图像 / 7

　　1.5.2　保存图像 / 8

1.6　加载视频 / 9

1.7　小结 / 12

第2章　Mat 与像素操作 / 13

2.1　Mat 对象 / 13

　　2.1.1　什么是 Mat 对象 / 13

2.1.2　一切图像皆 Mat / 14

2.1.3　Mat 类型与深度 / 15

2.1.4　创建 Mat / 15

2.2　访问像素 / 18

　　2.2.1　遍历 Mat 中的像素 / 18

　　2.2.2　像素算术运算 / 20

　　2.2.3　位运算 / 21

　　2.2.4　调整图像亮度与对比度 / 22

2.3　图像类型与通道 / 23

　　2.3.1　图像类型 / 23

　　2.3.2　图像通道 / 23

　　2.3.3　通道操作 / 24

2.4　小结 / 25

第3章　色彩空间 / 26

3.1　RGB 色彩空间 / 26

3.2　HSV 色彩空间 / 28

3.3　LAB 色彩空间 / 29

3.4　色彩空间的转换与应用 / 30

3.5　小结 / 31

第4章　图像直方图 / 32

4.1　像素统计信息 / 32

4.2 直方图的计算与绘制 / 34

    4.2.1 直方图计算 / 35

    4.2.2 直方图绘制 / 36

4.3 直方图均衡化 / 37

4.4 直方图比较 / 40

4.5 直方图反向投影 / 41

4.6 小结 / 43

进阶篇

第 5 章 卷积操作 / 46

5.1 卷积的概念 / 46

5.2 卷积模糊 / 49

5.3 自定义滤波 / 53

5.4 梯度提取 / 56

5.5 边缘发现 / 59

5.6 噪声与去噪 / 61

5.7 边缘保留滤波 / 64

5.8 锐化增强 / 66

5.9 小结 / 68

第 6 章 二值图像 / 70

6.1 图像阈值化分割 / 70

6.2 全局阈值计算 / 72

6.3 自适应阈值计算 / 76

6.4 去噪与二值化 / 77

    6.4.1 去噪对二值化的影响 / 77

    6.4.2 其他方式的二值化 / 78

6.5 小结 / 79

第 7 章 二值分析 / 80

7.1 二值图像分析概述 / 80

7.2 连通组件标记 / 82

7.3 轮廓发现 / 85

    7.3.1 轮廓发现函数 / 85

    7.3.2 轮廓绘制函数 / 87

    7.3.3 轮廓发现与绘制的示例

        代码 / 87

7.4 轮廓测量 / 88

7.5 拟合与逼近 / 90

7.6 轮廓分析 / 95

7.7 直线检测 / 97

7.8 霍夫圆检测 / 99

7.9 最大内接圆与最小外接圆 / 101

7.10 轮廓匹配 / 102

7.11 最大轮廓与关键点编码 / 104

7.12 凸包检测 / 106

7.13 小结 / 107

第 8 章 形态学分析 / 108

8.1 图像形态学概述 / 108

8.2 膨胀与腐蚀 / 109

8.3 开 / 闭操作 / 111

8.4 形态学梯度 / 113

8.5 顶帽与黑帽 / 115

8.6 击中 / 击不中 / 116

8.7 结构元素 / 119

8.8 距离变换 / 120

8.9 分水岭分割 / 121

8.10 小结 / 124

第 9 章　特征提取 / 125

9.1　图像金字塔 / 125

   9.1.1　高斯金字塔 / 125

   9.1.2　拉普拉斯金字塔 / 128

   9.1.3　图像金字塔融合 / 129

9.2　Harris 角点检测 / 131

9.3　shi-tomas 角点检测 / 133

9.4　亚像素级别的角点检测 / 135

9.5　HOG 特征与使用 / 137

   9.5.1　HOG 特征描述子 / 137

   9.5.2　HOG 特征行人检测 / 139

9.6　ORB 特征描述子 / 140

   9.6.1　关键点与描述子提取 / 140

   9.6.2　描述子匹配 / 144

9.7　基于特征的对象检测 / 148

   9.7.1　单应性矩阵计算方法 / 148

   9.7.2　特征对象的位置发现 / 150

9.8　小结 / 152

第 10 章　视频分析 / 153

10.1　基于颜色的对象跟踪 / 153

10.2　视频背景分析 / 155

10.3　帧差法背景分析 / 157

10.4　稀疏光流分析法 / 158

10.5　稠密光流分析法 / 161

10.6　均值迁移分析 / 163

10.7　小结 / 166

第 11 章　机器学习 / 167

11.1　KMeans 分类 / 167

   11.1.1　KMeans 图像语义

       分割 / 167

   11.1.2　提取主色彩构建色卡 / 170

11.2　KNN 分类 / 172

   11.2.1　KNN 函数支持 / 172

   11.2.2　KNN 实现手写数字

       识别 / 173

11.3　SVM 分类 / 175

   11.3.1　SVM 的原理与分类 / 175

   11.3.2　SVM 函数 / 176

   11.3.3　SVM 实现手写数字

       识别 / 176

11.4　SVM 与 HOG 实现对象检测 / 177

   11.4.1　数据样本特征提取 / 178

   11.4.2　SVM 特征分类 / 179

   11.4.3　构建 SVM 对象检测器 / 179

11.5　小结 / 181

第 12 章　深度神经网络 / 182

12.1　DNN 概述 / 182

12.2　图像分类 / 183

12.3　对象检测 / 186

   12.3.1　SSD 对象检测 / 187

   12.3.2　Faster-RCNN 对象

       检测 / 188

   12.3.3　YOLO 对象检测 / 190

12.4　ENet 图像语义分割 / 193

12.5　风格迁移 / 195

12.6　场景文字检测 / 197

12.7　人脸检测 / 199

12.8　小结 / 201

高级与实战篇

第 13 章 YOLO 5 自定义对象
检测 / 204

13.1 YOLO 5 对象检测框架 / 204

13.2 YOLO 5 对象检测 / 205

13.3 自定义对象检测 / 208

　　13.3.1 数据集制作与生成 / 209

　　13.3.2 模型训练与查看损失
曲线 / 210

　　13.3.3 模型导出与部署 / 211

13.4 小结 / 212

第 14 章 缺陷检测 / 213

14.1 简单背景下的缺陷检测 / 213

14.2 复杂背景下的缺陷检测 / 216

　　14.2.1 频域增强的缺陷检测 / 216

　　14.2.2 空间域增强的缺陷检测 / 219

14.3 案例：刀片缺陷检测 / 220

14.4 基于深度学习的缺陷检测 / 222

　　14.4.1 基于分类的缺陷检测 / 223

　　14.4.2 基于分割的缺陷检测 / 226

14.5 小结 / 228

第 15 章 OpenVINO 加速 / 229

15.1 OpenVINO 框架安装与环境
配置 / 229

　　15.1.1 OpenVINO 安装 / 230

　　15.1.2 配置 C++ 开发支持 / 232

15.2 OpenVINO2022.x 版 SDK
推理演示 / 233

　　15.2.1 推理 SDK 介绍 / 234

　　15.2.2 推理 SDK 演示 / 235

15.3 OpenVINO 支持 UNet 部署 / 236

15.4 OpenVINO 支持 YOLO 5
部署 / 237

15.5 小结 / 239

第 16 章 CUDA 加速 / 240

16.1 编译 OpenCV 源码支持 CUDA
加速 / 240

16.2 用 CUDA 加速传统图像处理 / 245

　　16.2.1 Mat 与 GpuMat / 245

　　16.2.2 加速图像处理与视频
分析 / 246

16.3 加速 DNN / 248

16.4 小结 / 249

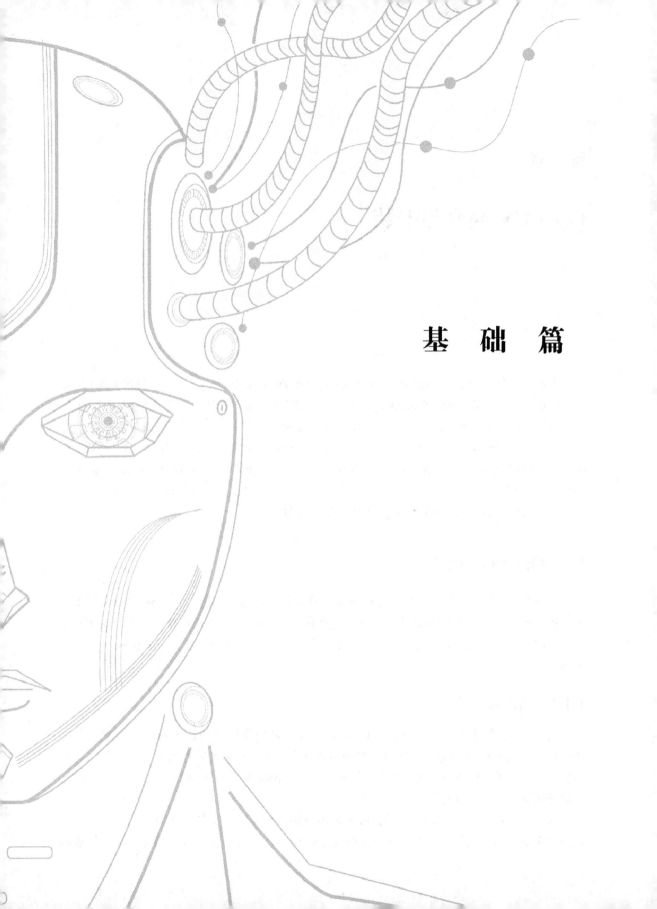

基 础 篇

第 1 章

OpenCV 简介与安装

本章主要介绍 OpenCV（Open Source Computer Vision Library，开源计算机视觉库）的历史与发展、主要模块构成、Windows 平台下 OpenCV 的安装与配置，以及如何使用 OpenCV 读取与显示图像和视频文件。对有 OpenCV 开发经验的读者来说，本章可以直接跳过。

本书将以 OpenCV4.5.x+Visual Studio 2017 完成全部代码的构建与程序演示。本章旨在帮助初次接触 OpenCV 的读者搭建好开发环境，完成 OpenCV 框架中 Hello World 级别的入门程序。本章将会介绍几个简单的函数，为后续内容的学习打下良好基础。

下面就让我们一起开启这段 OpenCV 的学习之旅。

1.1 OpenCV 简介

OpenCV 提供了一系列的图像处理模块与计算机视觉算法模块。自 OpenCV4.x 版本开始，其开源许可协议从 BSD 改为 Apache2（商业应用授权），这使开发者可以在商业领域应用开发中更好地使用授权的专利算法，避免专利纠纷，从而进一步扩展了 OpenCV 商业应用的范围。

1.1.1 OpenCV 历史

OpenCV 自发布第一个版本至今已超过 20 年，其间经过了几次大的版本调整。其中 OpenCV2、OpenCV3、OpenCV4 等都是里程碑式的版本。OpenCV 每次进行大的版本调整都会带给开发者一些新的功能与惊喜，这也体现了 OpenCV 团队主动拥抱技术变革的精神，并始终保持开发框架的实用性。

OpenCV 早期一直由 Intel 支持，后来转由开源社区维护与支持。其源码与模块分为正式的 Release 模块和扩展模块。Release 模块中以早期开发的模块居多，都是一些比较成熟的算法实现。扩展模块中以新开发的模块居多，这些模块大多数不够稳定，在商业项目中直接使用会有一定的技术风险，使用者最好能对模块本身与相关算法有一定程度的了解。同时，因为受到算法专利的影响，可能偶尔会发生上一版本 Release 模块中支持的函数到了下一版本被放到扩展模块中的情况，但这种情况并不常见，而且如果发生了也会在 release log 文件中进行说明。

OpenCV 发展至今，已经从单纯支持 C/C++ 接口，变成支持 Java、JavaScript、Python、C++、C# 等多种语言，并支持 Windows、Linux、macOS 等主流操作系统。

1.1.2　OpenCV 的模块与功能

OpenCV 最初包含 500 多个相关的算法实现，截至 2023 年，OpenCV 已经收录了 2000 多个相关的算法实现。OpenCV 官方发布版本中的算法模块经过时间沉淀与项目检验，不断得到优化，稳定性与易用性超高，基于底层支持的加速机制，速度与性能均达到了工业级应用水准。

OpenCV 中的常用模块如图 1-1 所示。（注意，并不是全部模块。）

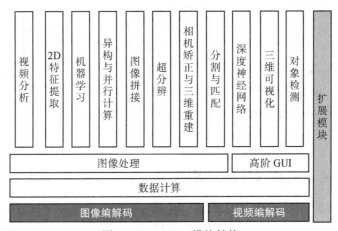

图 1-1　OpenCV 模块结构

在图 1-1 中，横向显示的模块主要如下。

1）最下面一层是图像编解码与视频编解码，OpenCV 加载图像与视频文件必须依赖这两个模块。它们是 OpenCV 基于其他开源库构建而来的，这样 OpenCV4 就实现了自己的图像数据结构——Mat 对象。

2）数据计算模块主要用于一些常见的图像像素处理与操作。

3）数据计算模块之上的图像处理模块与高阶 GUI 模块是 OpenCV 中最常用也是最重要的基础模块。传统数字图像处理中的大部分常见算法与功能收录在图像处理模块中，毫不夸张地说，熟练掌握此模块，可以完成常见的图像处理和预处理任务。高阶 GUI 模块中常用的只有 imshow 函数。

在图 1-1 中，竖向的模块都依赖横向的模块。每个竖向模块基本上代表的是视觉领域的一个细分方向，它们也是开发者最常用的模块，主要包括 2D 特征提取、对象检测、视频分析、机器学习等模块。

本书将主要介绍这些常用模块的使用方法，读者在掌握这些常用模块使用方法的基础上，再去拓展学习其他模块会比较容易。

此外，图 1-1 最右侧的竖条表示扩展模块，扩展模块必须在单独编译之后方可使用。扩展模块中往往会收录一些最新的算法实现，但它们不是很成熟，没有经过项目的充分验证，所以使用扩展模块的开发者需要有一定的相关知识积累。

1.1.3 OpenCV4 里程碑

OpenCV4 是 OpenCV 最新的里程碑版本，其版本命名格式为 OpenCV4.x，其中 x 表示小版本号。OpenCV4 是在深度学习与人工智能兴起的背景下发布的，其中加入了对深度学习推理模块与加速模块的支持。同时，OpenCV4 的易用性、稳定性、可靠性都达到了一个新的高度。本书将围绕 OpenCV4.x 版本展开相关知识点的学习，并完成代码实现与程序演示，选择该版本主要出于以下 3 个方面的考量。

1）OpenCV4 与之前的版本存在很大的不同，用官方宣传的话说就是"OpenCV4 is more than OpenCV"。

2）OpenCV4 版本的 SDK 与接口更加人性化，学习曲线平缓，初学者更容易入门，即使没有 C++ 基础也能很快上手。

3）OpenCV4 支持丰富的第三方加速库集成，无论是在端侧还是云侧，都可以加速程序运行。

1.1.4 OpenCV 发展现状与应用趋势

经过多年的发展，OpenCV 因其可靠、开源、支持多种语言、免费集成商业产品等优势，得到了开发者与知名商业公司的青睐。应用场景覆盖全面，对图像处理、机器视觉、工业机器人、智慧农业、无人驾驶等领域都有涉及。随着未来对人工智能与视觉技术需求的不断增加，OpenCV 作为开源免费的视觉框架，具有比较明显的竞争优势，必将成为很多商业公司产品开发的首选。相信掌握 OpenCV 开发框架的技术型人才也会获得丰厚的回报。

1.2 OpenCV 源码项目

本节内容是目前市面上很多 OpenCV 类图书所缺失的。笔者认为对于 OpenCV 这样一个开源项目，学习者必须了解它的目录结构与代码结构，以确保在开发过程中遇到问题时能够快速地从源码中找到答案。OpenCV 源码托管在 GitHub 上，下载安装包之后解压缩即可查看源码目录，从源码目录可以更好地了解 OpenCV 项目。此外，源码也是文档的一部分，想要利用好这个"文档"，了解一下它的目录结构与模块分布是很有必要的。

OpenCV 的 GitHub 源码托管地址为 https://github.com/opencv/opencv，源码的相关文件夹主要涉及如下几个方面。

❑ 3rdparty：主要是 OpenCV 自身依赖的第三方库。

❑ apps：主要是 OpenCV 自身功能相关的应用演示。

❑ cmake：主要是 CMake 相关的脚本。

❑ data：数据部分，主要是一些模型的 XML 数据文件。

❑ doc：主要介绍基本语法的使用方法和各个模块的基本功能。

❑ include：头文件目录。

❑ modules：模块源码目录。

❑ platforms：各个平台编译的支持配置等相关内容。

❑ samples：官方提供的源码演示。

本书中使用的 OpenCV 官方图像资源与视频资源在 samples/data 文件夹中均可以找到，此外，如果你要自学一些模块，也可以随时查看 samples 中的源码文件，从中获取有用的信息。

1.3　OpenCV4 开发环境搭建

很多人学习 OpenCV 时遇到的第一个棘手问题就是如何搭建 OpenCV 的开发环境，不同计算机的系统和设置偏好可能都不一样，对 IDE 的选择也不尽相同，这里就以本书代码演示的开发环境设置来搭建 OpenCV4 的开发环境。

第 1 步：安装好 Visual Studio 2017（推荐安装专业版）。OpenCV4.5.4 的下载地址为 https://github.com/opencv/opencv/releases/download/4.5.4/opencv-4.5.4-vc14_vc15.exe。下载之后解压缩到 D 盘，将文件夹改名为 opencv-4.5.4。

第 2 步：打开 Visual Studio 2017，新建一个控制台应用，依次选择"视图"→"其他窗口"→"属性管理器"命令，在弹出的"属性管理器"窗口中右击图 1-2 所示的矩形框，并从弹出的快捷菜单中选择"属性"命令（截图略）。

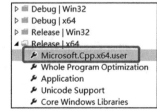

在弹出的项目属性窗口中选择 Visual C++ 目录，完成下面的配置即可。

图 1-2　"属性管理器"窗口

1）添加包含目录：D:\opencv-4.5.4\opencv\build\include 和 D:\opencv-4.5.4\opencv\build\include\opencv2。

2）添加库目录：D:\opencv-4.5.4\opencv\build\x64\vc15\lib。

3）依次选择"链接器"→"输入"→"附加依赖性"命令，以添加 opencv_world454.lib。

4）然后单击"确定"按钮保存设置，并在 Windows 的系统环境变量 path 中添加 D:\
opencv-4.5.4\opencv\build\x64\vc15\bin。

重新启动 Visual Studio 2017，打开刚刚你新建的项目，新建一个 cpp 文件，并输入如
下代码：

```
#include <opencv2/opencv.hpp>
#include <iostream>

using namespace cv;
using namespace std;
string rootdir = "D:/opencv-4.5.4/opencv/sources/samples/data/";
int main(int argc, char** argv) {
    Mat image = imread(rootdir + "lena.jpg");
    namedWindow("input", WINDOW_AUTOSIZE);
    imshow("input", image);
    waitKey(0);
    destroyAllWindows();
    return 0;
}
```

选择"配置管理器"命令，在弹出的"配置管理器"窗口中将配置模式设置为 Release、
x64，然后进行编译。环境测试的运行结果如图 1-3 所示。

图 1-3　环境测试运行结果

如果看到此图，那么恭喜你已经迈出了学习 OpenCV4 最重要的一步，环境搭建顺利
完成。

1.4　第一个 OpenCV 开发程序

本节将从代码层面带读者认识 OpenCV 版本的 Hello World 演示程序。下面通过一张图
像的加载过程来讲解 OpenCV 程序中最常用的几个函数。

1）imread：读取一张图像并返回图像数据，该图像数据以 Mat 对象形式存在。

2）namedWindow：创建窗口。它有两个参数：第一个参数表示窗口名称；第二个参数表示窗口属性。

3）imshow：显示图像。它有两个参数：第一个参数表示图像显示窗口名称；第二个参数表示图像数据。

4）waitKey：当参数为 0 时，表示一直阻塞，直到用户按任意键结束；当参数大于 0 时，表示阻塞的毫秒数。

5）destroyAllWindows：表示销毁之前创建的所有窗口。

了解上面所用函数的功能之后，再回头去看之前测试程序的代码，就很容易理解了。要想完成一个简单的图像加载与显示程序，只需要如下几行代码即可：

```
Mat image = imread(rootdir + "lena.jpg");
namedWindow("input", WINDOW_AUTOSIZE);
imshow("input", image);
// 后期添加代码处
waitKey(0);
destroyAllWindows();
```

这段代码虽然简单，但是后续内容会基于它来增加代码，以实现各种图像处理功能，所以说它是 OpenCV 演示程序的基本结构。正所谓"千里之行，始于足下"。

1.5 图像加载与保存

本节将重新审视 OpenCV 中的图像加载函数 imread，同时学习如何通过 imwrite 函数保存图像。

1.5.1 加载图像

OpenCV 使用 imread 函数实现图像的加载，该函数支持灰度图像、彩色图像、原始图像的加载。在默认情况下，通过 imread 加载的图像都是三通道 BGR 彩色图像。实际上，OpenCV 支持加载灰度图像与带有透明通道的图像。imread 函数原型如下所示：

```
Mat cv::imread (
    const String & filename,
    int flags = IMREAD_COLOR
)
```

在不修改第二个参数 flags 默认值的情况下，经常像如下这样使用该函数：

```
Mat image = imread(rootdir + "lena.jpg");
if (image.empty()) {
    printf("could not load image...\n");
    return -1;
}
```

如果需要把图像以灰度图像的形式进行加载，则可以进行以下设置：

```
Mat gray = imread(rootdir + "lena.png", IMREAD_GRAYSCALE);
if (gray.empty()) {
    printf("could not load image...\n");
    return -1;
}
```

如果需要把具有透明通道的图像加载进来但不做任何改变，则可以进行以下设置：

```
Mat anycolor = imread(rootdir + "lena.png", IMREAD_UNCHANGED);
if (anycolor.empty()) {
    printf("could not load image...\n");
    return -1;
}
```

1.5.2　保存图像

一般情况下，通过 imwrite 函数保存图像只需设置保存文件路径与 Mat 对象两个参数，但是实际上该函数还有第三个默认参数可以设置。第三个参数主要用于调整保存图像的压缩质量、位图深度和通道数目。如果需要修改默认保存的三通道彩色图像，开发者就要使用第 3 个参数对要保存的图像进行有针对性的写入图像文件操作。首先需要重新认识一下 imwrite 函数：

```
bool cv::imwrite(
    const String & filename,
    InputArray img,
    const std::vector<int> & params = std::vector<int>()
)
```

参数解释如下。

❑ filename：表示保存文件的路径与名称，必须带图像文件扩展名。

❑ img：内存中的 Mat 对象。

❑ params：保存图像文件时需要优化的参数，默认为空。

对第 3 个参数 params 来说，当以不同的格式保存图像时，params 参数的内容也是不一样的。

1）如果保存图像的格式为 PNG，则调整压缩质量的参数为 IMWRITE_PNG_COMPR-ESSION。该参数等级取值范围为 0 ~ 9，默认值为 1。值越大，压缩时间越长，图像大小越小。

2）如果保存图像的格式为 JPG，则调整压缩质量的参数为 IMWRITE_JPEG_QUALITY：等级取值范围为 0 ~ 100，默认值为 95。值越大，图像质量越高，图像大小也越大。

常见的不同通道与格式的图像保存代码如下。

1）保存为单通道灰度图像：

```
// 保存为单通道灰度图像
vector<int> opts;
```

```
opts.push_back(IMWRITE_PAM_FORMAT_GRAYSCALE);
imwrite("D:/gray.png", gray, opts);
```

2）保存为默认的彩色 BGR 图像：

```
imwrite("D:/image.png", image);
```

3）保存为 PNG 彩色压缩图像：

```
Mat anycolor = imread(rootdir + "lena.jpg", IMREAD_ANYCOLOR);
vector<int> opts;
opts.push_back(IMWRITE_PNG_COMPRESSION);
opts.push_back(9);
imwrite("D:/anycolor.png", anycolor, opts);
```

4）保存为 JPG 高压缩比图像：

```
Mat src = imread(rootdir + "lena.jpg", IMREAD_COLOR);
vector<int> opts;
opts.push_back(IMWRITE_JPEG_QUALITY);
opts.push_back(50);
opts.push_back(IMWRITE_JPEG_OPTIMIZE);
opts.push_back(1);
imwrite("D:/src.jpg", src, opts);
```

5）保存为 PNG 格式，且带透明通道：

```
vector<int> opts;
opts.push_back(IMWRITE_PAM_FORMAT_RGB_ALPHA);
imwrite("D:/bgra.png", bgra, opts);
```

注意：使用 imread 与 imwrite 两个函数进行图像读写的时候，特别需要注意默认的最后一个参数。这些参数可以帮助开发者有效实现各种图像加载与压缩保存需求。

1.6　加载视频

OpenCV 不仅可以加载各种格式的图像文件，还支持加载主流格式的视频文件（如 avi、mp4、wav 等），支持直接读取视频流地址或者连接各种摄像头设备读取视频流。下面就来看一下 OpenCV 支持的视频读取函数：

```
// 读取摄像头
cv::VideoCapture::VideoCapture (
    int index,
    int apiPreference = CAP_ANY
)
// 读取视频文件或者视频流
cv::VideoCapture::VideoCapture (
    const String & filename,
```

```
    int apiPreference = CAP_ANY
)
```

其中，index 表示摄像头的编号索引，默认从 0 开始。大家往往会忽视的是第二个参数 apiPreference，它表示实际读取视频底层支持库。目前 OpenCV 支持 CAP_FFMPEG、CAP_IMAGES 和 CAP_DSHOW 这 3 种方式，默认表示自动检测支持库。当然，开发者也可以通过设置 apiPreference 参数实现强制支持。视频加载与显示的代码演示如下：

```
VideoCapture capture;
capture.open(rootdir+"vtest.avi", CAP_FFMPEG);
Mat frame;
while (true) {
    // 读帧
    bool ret = capture.read(frame);
    if (!ret) break;
    imshow("frame", frame);
    // 添加帧处理
    char c = waitKey(100);
    if (c == 27) {
        break;
    }
}
waitKey(0);
destroyAllWindows();
```

注意：在处理视频的时候，在 while 循环的代码中，waitKey 应该永远设置为 waitKey(1)，除非你对程序有特殊要求。比如，这里设置为 waitKey(100) 是为了让视频以正常速度播放。

（1）从摄像头中读取

要从摄像头中读取，只需要对上述演示代码中的 capture.open 进行修改即可，如下：

```
capture.open(0, CAP_DSHOW);
```

这样就可以实现从计算机自带的摄像头中读取视频流了。

注意：这里声明了 apiPreference 参数实际使用的是 CAP_DSHOW 方式，当你不知道该用哪种方式的时候，CAP_ANY 永远是你的第一选择。

（2）从视频 URL 地址中读取

从视频地址中读取信息的方式也很简单，只需要对上述演示代码中的 capture.open 进行修改即可，如下：

```
capture.open("http://ivi.bupt.edu.cn/hls/cctv6hd.m3u8", CAP_ANY);
```

替换以后，编译运行，会播放高清电影的视频，真是一个惊喜，但很遗憾的是，没有声音。这里需要特别说明一下，OpenCV 只对视频进行处理，没有处理音频，这是因为

OpenCV 是视觉库而不是音频处理库，不能处理音频相关的编解码。这一点后续将不再赘述。

（3）获取视频属性

OpenCV 中的 VideoCapture 类还提供了一个 get 函数，该函数可以获取视频的常用属性，具体如下。

1）帧高度：对应 get 函数的属性为 CAP_PROP_FRAME_HEIGHT。

2）帧宽度：对应 get 函数的属性为 CAP_PROP_FRAME_WIDTH。

3）帧率（FPS）：表示 1 秒内播放 / 处理的帧数，对应 get 函数的属性为 CAP_PROP_FPS。

4）总帧数：视频文件总的帧数，对应 get 函数的属性为 CAP_PROP_FRAME_COUNT。

从视频文件中获取上述 4 个属性的代码如下：

```
VideoCapture capture;
capture.open(rootdir+"vtest.avi", CAP_FFMPEG);
int height = capture.get(CAP_PROP_FRAME_HEIGHT);
int width = capture.get(CAP_PROP_FRAME_WIDTH);
double fps = capture.get(CAP_PROP_FPS);
double count = capture.get(CAP_PROP_FRAME_COUNT);
printf("height: %d, width: %d, fps: %.2f, count: %.2f \n", height, width, fps,
    count);
```

（4）保存视频

有时，OpenCV 需要用来保存一段经过处理的视频片段，方便以后查看或者分析程序处理效果，这个时候就需要通过 VideoWriter 类来实现视频保存的功能。关键问题是，如何初始化 VideoWriter 类的实例，实现代码如下：

```
VideoWriter writer("D:/output.avi", capture.get(CAP_PROP_FOURCC), fps, Size
    (width, height));
```

完成初始化以后，就可以在为每帧调用 writer. write(frame) 时完成视频文件的写入操作了。

完整的加载和保存视频的示例代码如下：

```
void video_demo() {
    VideoCapture capture;
    capture.open(rootdir+"vtest.avi", CAP_FFMPEG);
    int height = capture.get(CAP_PROP_FRAME_HEIGHT);
    int width = capture.get(CAP_PROP_FRAME_WIDTH);
    double fps = capture.get(CAP_PROP_FPS);
    double count = capture.get(CAP_PROP_FRAME_COUNT);
    printf("height: %d, width: %d, fps: %.2f, count: %.2f \n", height, width,
        fps, count);

    VideoWriter writer("D:/output.avi", capture.get(CAP_PROP_FOURCC), fps, Size
        (width, height));
    Mat frame;
    while (true) {
        // 读帧
        bool ret = capture.read(frame);
        if (!ret) break;
```

```
        imshow("frame", frame);
        // 添加帧处理
        writer.write(frame);
        char c = waitKey(100);
        if (c == 27) {
            break;
        }
    }
    capture.release();
    writer.release();
    waitKey(0);
    destroyAllWindows();
    return;
}
```

这里需要特别说明的是，在初始化 VideoWriter 对象的时候，强烈建议通过代码读取视频文件的方式直接调用 capture.get(CAP_PROP_FOURCC)，避免手动设置编码导致出现不支持问题。另外，在程序正常结束之前，需要调用 release 方法释放 capture 对象与 writer 对象。

1.7　小结

本章介绍了 OpenCV 框架、开发环境的搭建，以及图像读取、视频读取、图像与视频文件的显示及保存。读者还需要掌握这些操作相关的函数知识，特别是参数的意义，以方便后续的学习与实践。同时，特别指出了一些初学者应该注意的地方，希望初次接触 OpenCV 的读者能够认真体会并牢记。

第 2 章

Mat 与像素操作

第 1 章带领读者学习了图像与视频的读取、显示和保存等相关知识。本章将会重点讲解 OpenCV 中最重要的一个图像数据结构——Mat 类。在 OpenCV 中，可以毫不夸张地说："一切数据皆 Mat"。无论是视频帧还是图像，都是以 Mat 类对象实例的方式而存在的，所有函数的数据交换与处理，都是以 Mat 对象为载体。因此，掌握 Mat 对象的创建和基本属性、Mat 对象的像素操作、像素遍历等方法就显得尤为重要了。

本章系统地介绍了 Mat 对象的各种用法，Mat 类型的相互转换，Mat 中像素的访问与遍历方法，并实现图像的一系列像素级操作，完成一些有意思且有实用价值的代码片段。

2.1 Mat 对象

因为 Mat 类指的是 OpenCV 中的基本数据结构与图像内存对象，所以所有以 imread 方式读取的图像都会被转换为 Mat 对象加载到内存中，进而完成后续的图像处理与特征提取等相关操作。图像具有一系列的基本属性，比如宽度、高度、深度、数据类型、通道数（维度）等。图像的这些基本属性在 Mat 对象中都有对应的函数或属性值可以直接读取到。所以，夸张一点儿说，对各种 Mat 对象操作的熟练程度，几乎可以直接反映出开发者进行 OpenCV 编程的水平。

2.1.1 什么是 Mat 对象

现实生活中，当人的眼睛看到一张图像时，所呈现出来的是各种颜色的色彩世界，然而计算机只认识二进制数据 0 与 1。图像在计算机中的表示如图 2-1 所示。

把图像文件加载到 OpenCV 中会发生什么事情？答案是：当 OpenCV 加载图像之后，得到的是一系列的二进制图像数据。早期的 OpenCV 是基于 C 语言风格的接口，图像数据通过内存对象 IplImage 来实现管理。IplImage 对象最大的缺点是需要手动管理内存，这就是让很多图像算法开发者感到头疼的原因。OpenCV 框架开发者决定创建一个新的内存对象来存储图像数据，它就是 Mat。Mat 后来在 OpenCV 框架中替代了 IplImage。Mat 通过引用计数机制实现了内存的自动分配与回收。所以开发者不需要关心内存的管理问题，这不仅降低了学习与使用 OpenCV 的难度，还提升了其易用性与稳定性。

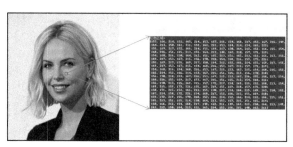

图 2-1　真实图像在计算机中的对应数据表示

2.1.2　一切图像皆 Mat

OpenCV 中所有与图像相关的内存数据几乎都是以 Mat 形式存在的，Mat 的本质就是数据矩阵。按行与列的顺序，Mat 即可对图像数据的每个像素点数据进行存储。一张灰度图像对应的 Mat 数据在内存中的存储形式如图 2-2 所示。

	Column 0	Column 1	Column ...	Column m
Row 0	0, 0	0, 1	...	0, m
Row 1	1, 0	1, 1	...	1, m
Row ...	..., 0	..., 1		..., m
Row n	n, 0	n, 1	n, ...	n, m

图 2-2　灰度图像对应的 Mat 数据在内存中的存储形式

一张彩色图像对应的 Mat 数据在内存中的存储形式如图 2-3 所示。

	Column 0			Column 1			Column ...			Column m		
Row 0	0, 0	0, 0	0, 0	0, 1	0, 1	0, 1	...	...	...	0, m	0, m	0, m
Row 1	1, 0	1, 0	1, 0	1, 1	1, 1	1, 1	...	...	...	1, m	1, m	1, m
Row ...	..., 0	..., 0	..., 0	..., 1	..., 1	..., 1				..., m	..., m	..., m
Row n	n, 0	n, 0	n, 0	n, 1	n, 1	n, 1	n, ...	n, ...	n, ...	n, m	n, m	n, m

图 2-3　彩色图像对应的 Mat 数据在内存中的存储形式（见彩插）

在图 2-3 中，彩色图像采用了 BGR 三通道。左上角 (0, 0) 表示的是起始像素点的坐标。图像宽度为 $m+1$，高度为 $n+1$，右下角最后一个像素点的坐标为 (n, m)。

注意： 在 OpenCV 中，Mat 图像数据默认的通道顺序是 BGR，这与常见的 RGB 通道顺序正好相反。

2.1.3　Mat 类型与深度

图像像素数据本身也是有数据类型的，图像像素的数据类型可能是字节型、整型、浮点型等。而图像的深度又与图像数据类型息息相关。Mat 对象提供了如下两个方法分别用于获取图像的类型与深度。

1）type() 返回的是 OpenCV 支持的图像枚举类型，OpenCV 中支持的图像数据类型如表 2-1 所示。

表 2-1　OpenCV 中支持的图像数据类型

单通道	双通道	三通道	四通道
CV_8UC1	CV_8UC2	CV_8UC3	CV_8UC4
CV_32SC1	CV_32SC2	CV_32SC3	CV_32SC4
CV_32FC1	CV_32FC2	CV_32FC3	CV_32FC4
CV_64FC1	CV_64FC2	CV_64FC3	CV_64FC4
CV_16SC1	CV_16SC2	CV_16SC3	CV_16SC4

每个类型以"CV_"开头，中间的字母表示数据类型，字母前面的数字表示该数据的长度，字母后面的数字表示该图像的通道数目。这里以 CV_8UC3 为例进行解释：8 表示数据长度为 8 位；UC 表示数据类型为无符号字节型；3 表示三通道。

2）depth() 返回 OpenCV 支持的图像深度类型，OpenCV 中支持的图像数据深度类型如表 2-2 所示。

表 2-2　OpenCV 中支持的图像数据深度类型

图像深度	对应的数据类型
CV_8U	8 位无符号字节型
CV_8S	8 位有符号字节型
CV_16U	16 位无符号型
CV_16S	16 位有符号型
CV_32S	32 位整型
CV_32F	32 位浮点型
CV_64F	64 位双精度浮点型

深度表示图像的深度信息，与操作系统显示的位图深度信息有一定的关联。对 RGB 彩色图像来说，它的 OpenCV 图像深度为 CV_8U，同时彩色图像是三通道的，所以操作系统文件属性会显示位图深度为 $3 \times 8=24$。

2.1.4　创建 Mat

在 OpenCV 中创建 Mat 对象的方式非常多，比较常见的有如下几种方式。

1）使用 Mat 构造函数，下面的代码演示了创建单通道、多通道与初始赋值的操作。

```
// 创建 Mat-1
Mat m1(4, 4, CV_8UC1, Scalar(255));
std::cout << "m1:\n" << m1 << std::endl;

// 创建 Mat-2
Mat m2(Size(4, 4), CV_8UC3, Scalar(0, 0, 255));
std::cout << "m2:\n" << m2 << std::endl;

// 创建 Mat-3
Mat m3(Size(4, 4), CV_8UC3, Scalar::all(255));
std::cout << "m3:\n" << m3 << std::endl;
```

运行结果如图 2-4 所示。

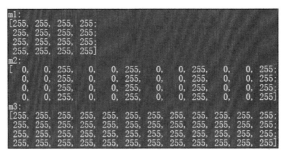

图 2-4　创建与显示 Mat 对象（1）

2）使用类似 MatLab 风格的方法创建 Mat 对象。OpenCV 支持用 MatLab 的 zeros、ones、eyes 等风格来初始化创建 Mat 对象。代码演示如下：

```
// 创建 MatLab 风格 -4
Mat m4 = Mat::zeros(Size(4, 4), CV_8UC3);
std::cout << "m4:\n" << m4 << std::endl;

// 创建 MatLab 风格 -5
Mat m5 = Mat::ones(Size(4, 4), CV_8UC3);
std::cout << "m5:\n" << m5 << std::endl;
```

运行结果如图 2-5 所示。

图 2-5　创建与显示 Mat 对象（2）

对比一下 m4 与 m5 的输出，你会发现以 Mat::ones 的方式创建的 3 个通道像素值中，只有第一个通道被成功初始化为 1，其他的还是 0。这就是 Mat::ones 对多通道数据的特殊处理方式，只会初始化第一个通道值，希望读者不要望文生义。

3）使用 clone 与 copyTo 方法创建 Mat 对象，代码实现如下：

```
// clone and copyTo
Mat m6 = m4.clone();
std::cout << "m6:\n" << m6 << std::endl;
Mat m7;
m2.copyTo(m7);
std::cout << "m7:\n" << m7 << std::endl;
```

运行结果如图 2-6 所示。

```
m6:
[  0,   0,   0,   0,   0,   0,   0,   0,   0,   0,   0,   0;
   0,   0,   0,   0,   0,   0,   0,   0,   0,   0,   0,   0;
   0,   0,   0,   0,   0,   0,   0,   0,   0,   0,   0,   0;
   0,   0,   0,   0,   0,   0,   0,   0,   0,   0,   0,   0]
m7:
[  0,   0, 255,   0,   0, 255,   0,   0, 255,   0,   0, 255;
   0,   0, 255,   0,   0, 255,   0,   0, 255,   0,   0, 255;
   0,   0, 255,   0,   0, 255,   0,   0, 255,   0,   0, 255;
   0,   0, 255,   0,   0, 255,   0,   0, 255,   0,   0, 255]
```

图 2-6　创建与显示 Mat 对象（3）

4）使用 C++11 支持的列表方式初始化小的数据矩阵，代码演示如下：

```
Mat m8 = (Mat_<double>(3, 3) << 0, -1, 0, -1, 5, -1, 0, -1, 0);
std::cout << "m8:\n" << m8 << std::endl;
```

运行结果如图 2-7 所示。

图 2-7　创建与显示 Mat 对象（4）

5）从一张图像中提取部分区域生成一个 ROI 图像。

这个方法在实际的图像处理中经常会用到，所以它属于必须掌握的知识点。首先需要确定提取的 ROI 区域的左上角的位置与大小，可以通过 OpenCV 中的 Rect 对象来定义一个 ROI 区域，它需要设置 4 个参数：x、y、w、h。其中 (x, y) 表示 ROI 区域左上角的坐标，w 表示区域的宽度，h 表示区域的高度。代码演示如下：

```
Mat image = imread(rootdir + "lena.jpg");
imshow("input", image);
Rect rect(200, 200, 200, 200);
Mat roi = image(rect);
imshow("roi", roi);
```

图 2-8 右上角所显示的就是截取的 ROI 区域，大小为 200 × 200 像素。

图 2-8　ROI 区域截取

2.2　访问像素

本节将学习如何访问 Mat 中的像素数据，实现像素遍历操作。像素遍历操作是 OpenCV 中对图像进行操作与处理的最基础的编程知识之一，也是 OpenCV 开发者要熟练掌握的基本功之一。

2.2.1　遍历 Mat 中的像素

在开始学习遍历 Mat 数据操作之前，首先介绍一下 Mat 在内存中的数据结构。Mat 在存储图像数据时，将图像分为头部与数据部分。其中，头部主要用于存储一些元数据信息，包括图像的数据大小、存储方式以及一个指向数据部分的指针等。需要注意的是，头部的大小是一个常量。数据部分主要用于存储图像像素数据，图像越大，像素数据就越多，数据部分所占用的内存也就越大。Mat 的组成结构如图 2-9 所示。

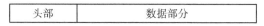

图 2-9　Mat 的组成结构

下面介绍一下 OpenCV 中常用的几种遍历 Mat 像素数据的方法。

1）直接按顺序访问每个像素坐标，获得对应的像素值，该方法的代码实现具体如下：

```
// 按像素点索引的方式进行遍历
for (int row = 0; row < h; row++) {
    for (int col = 0; col < w*cn; col++) {
        int pv = src.at<uchar>(row, col);
        src.at<uchar>(row, col) = table[pv];
    }
}
```

```
// 按行指针的方式进行遍历
uchar* currentRow;
for (int row = 0; row < h; row++) {
    currentRow = src.ptr<uchar>(row);
    for (int col = 0; col < w*cn; col++) {
        src.at<uchar>(row, col) = table[currentRow[col]];
    }
}
```

该方法有两种实现方式：一种是通过像素点索引遍历；另外一种是通过每一行的指针进行遍历，记住，指针遍历的方式通常都会优于像素点索引遍历的方式。

2）通过迭代器进行遍历，这种方式在 OpenCV 中的实现代码如下：

```
switch (cn)
{
    case 1:
    {
        MatIterator_<uchar> it, end;
        for (it = src.begin<uchar>(), end = src.end<uchar>(); it != end; ++it)
```

```
            *it = table[*it];
        break;
    }
    case 3:
    {
        MatIterator_<Vec3b> it, end;
        for (it = src.begin<Vec3b>(), end = src.end<Vec3b>(); it != end; ++it)
        {
            (*it)[0] = table[(*it)[0]];
            (*it)[1] = table[(*it)[1]];
            (*it)[2] = table[(*it)[2]];
        }
    }
}
```

上面的代码实现的就是通过迭代器进行的图像遍历。

3）基于 image.data 直接访问数据部分，使用指针完成遍历。OpenCV 的代码实现如下：

```
uchar* image_data = src.data;
for (int row = 0; row < h; row++) {
    for (int col = 0; col < w*cn; col++) {
        *image_data= table[*image_data];
        image_data++;
    }
}
```

在上述 3 种像素遍历方式中，都使用 table（索引表）实现了像素赋值。建立索引表的代码实现如下：

```
uchar table[256];
for (int i = 0; i < 256; ++i)
    table[i] = (uchar)(16 * (i / 16));
```

计算每种遍历方式的执行时间的代码实现如下：

```
double t1 = getTickCount();
// 遍历代码放这里运行
double t2 = getTickCount();
double t = ((t2 - t1) / getTickFrequency()) * 1000;
ostringstream ss;
std::cout << "Execute time : " << std::fixed << std::setprecision(2) << t << " ms ";
```

基于 1920×1200 像素的彩色图像，在我的 i7 11th CPU 上执行上述 3 种遍历方法的耗时对比情况如表 2-3 所示。

表 2-3　像素遍历方法的耗时对比（Release 模式下 O2 优化已开）

遍历方法	耗时 / ms
纯像素索引	5.01
行指针索引	5.5
迭代器方式	4.92
指针直接访问数据部分	2.22

从运行时间的对比结果可以看出，最后一种方式的耗时相对较少。

2.2.2　像素算术运算

OpenCV 在图像处理方面提供了很多基础的像素操作，其中一类操作主要是对像素实现加、减、乘、除的算术运算。这种运算在两张图像之间完成，用于实现图像上每个像素的加、减、乘、除操作，所以要求进行算术运算的两张图像的大小必须保持一致。

1）加法运算，OpenCV 中对应的函数为 add，代码演示如下：

```
void cv::add (
    InputArray src1, // 输入第一张图像
    InputArray src2, // 输入第二张图像
    OutputArray dst, // 输出图像
    InputArray mask = noArray(),
    int dtype = -1    // 数据类型
)
```

要求输入的两张图像 src1 与 src2 大小必须一致。mask 表示是否有掩模层过滤，关于掩模层过滤的相关内容稍后再介绍。

2）减法运算，减法运算的函数参数与加法运算的函数参数相同，唯一不同的是函数名称为 subtract。

3）乘法运算，OpenCV 中对应的函数为 multiply，乘法运算函数定义如下：

```
void cv::multiply(
    InputArray src1,
    InputArray src2,
    OutputArray dst,
    double scale = 1,
    int dtype = -1
)
```

注意：乘法函数与加减法函数的最大区别是不支持掩模层操作。

4）除法运算，除法运算的函数参数与乘法运算的参数相同，唯一不同的是函数名称为 divide。

介绍完加、减、乘、除相关的函数之后，下面通过一个代码片段来演示它们的用法。代码演示如下：

```
Mat src1 = imread(rootdir + "WindowsLogo.jpg");
Mat src2 = imread(rootdir + "LinuxLogo.jpg");
Mat add_result, sub_result, mul_result, div_result;
add(src1, src2, add_result);
subtract(src1, src2, sub_result);
multiply(src1, src2, mul_result);
divide(src1, src2, div_result);
imshow("add_result", add_result);
```

```
imshow("sub_result", sub_result);
imshow("mul_result", mul_result);
imshow("div_result", div_result);
```

两张图像分别来自 opencv\sources\samples\data 文件夹。

2.2.3　位运算

位运算是像素操作的另外一类十分重要的 Mat 操作，OpenCV 支持的位运算主要包括按位取反、位与、位或、位异或操作。下面分别举例说明。

1）位取反操作，OpenCV 对应的函数如下：

```
void cv::bitwise_not(
    InputArray src, // 输入
    OutputArray dst,// 输出
    InputArray mask = noArray()
)
```

位取反操作对 CV_8UC 类型的图像来说，相当于用 255 减去每个像素值。代码演示如下：

```
Mat src = imread(rootdir + "lena.jpg");
Mat result;
bitwise_not(src, result);
```

上述代码等价于：

```
Mat src = imread(rootdir + "lena.jpg");
Mat dst = 255 - src;
```

2）位与、位或、位异或操作 3 个函数的参数相同，调用方法相似。下面以位与操作函数为例说明：

```
void cv::bitwise_and(
    InputArray src1, // 输入图像 1
    InputArray src2, // 输入图像 2
    OutputArray dst, // 输出结果
    InputArray mask = noArray()
)
```

或操作函数名称为 bitwise_or，异或操作函数名称为 bitwise_xor。它们的代码演示如下：

```
Mat src1 = imread(rootdir + "WindowsLogo.jpg");
Mat src2 = imread(rootdir + "LinuxLogo.jpg");
Mat invert_result, and_result, or_result, xor_result;
bitwise_and(src1, src2, and_result);
bitwise_or(src1, src2, or_result);
bitwise_xor(src1, src2, xor_result);
imshow("and_result", and_result);
imshow("or_result", or_result);
imshow("xor_result", xor_result);
```

这里默认的 mask 参数为空，即不使用掩膜层。

2.2.4 调整图像亮度与对比度

"学以致用"很贴切地说明了学习的目的是要利用所学知识来解决问题，本节就来利用前面学习到的像素算术运算知识，实现对图像亮度与对比度的调整。

图像的亮度是图像的基本属性之一，对一张 RGB 色彩的图像来说，RGB 三个通道的像素值越高、图像亮度越高、越接近白色（255, 255, 255）；反之，RGB 三个通道的像素值越低、图像亮度越低、越接近黑色（0, 0, 0）。简单的像素加法与减法操作可用于调整 RGB 彩色图像的亮度，这里就利用 add 与 substruc 两个函数来实现图像亮度的调整。首先创建一张常量图像，如果需要对一张图像提升亮度，就把大小与类型一致的常量图像与该图像相加，反之如果要降低亮度就与之相减即可。代码实现如下：

```
Mat constant_img = Mat::zeros(image.size(), image.type());
constant_img.setTo(Scalar(50, 50, 50));
Mat darkMat, lightMat;
// 亮度增强
add(image, constant_img, lightMat);
// 亮度降低
subtract(image, constant_img, darkMat);
// 显示
imshow("lightMat", lightMat);
imshow("darkMat", darkMat);
```

其中，**image** 是输入的一张 RGB 彩色图像。运行程序可以查看不同亮度的图像显示。

图像对比度主要用于描述图像亮度之间的感知差异，对比度越大，图像的每个像素与周围的差异性就越大，整个图像的细节就越显著，反之亦然。图像乘法或者图像除法操作可分别用于扩大或者缩小图像像素之间的差值，从而达到调整图像对比度的目的。基于 Mat 的算术操作，实现图像对比度调整的代码实现如下：

```
Mat constant_img = Mat::zeros(image.size(), CV_32FC3);
constant_img.setTo(Scalar(0.8, 0.8, 0.8));
Mat lowContrastMat, highContrastMat;
// 低对比度
multiply(image, constant_img, lowContrastMat, 1.0, CV_8U);
// 高对比度
divide(image, constant_img, highContrastMat, 1.0, CV_8U);
// 显示
imshow("lowContrastMat", lowContrastMat);
imshow("highContrastMat", highContrastMat);
```

注意： 这里声明的常量图像值为 BGR(0.8, 0.8, 0.8)，类型为 CV_32FC3。需要特别说明的是，算术运算的要求是两张图像的大小必须一致，但是类型可以不一致，输出类型可以通过 dtype 参数来指定。

2.3　图像类型与通道

本节将重点介绍 Mat 的类型转换与单通道、多通道转换、提取、分离、合并等基本操作，通过本节的学习，读者可以掌握这些基础函数的操作。

2.3.1　图像类型

正如前文所述，Mat 的数据类型有很多种，而且各种 Mat 数据类型可以根据需要进行类型转换。imread 默认加载的数据类型是 CV_8UC3 字节型数据，显示的时候使用 imshow 函数即可；但当其类型转换为 CV_32FC3 浮点型数据时，直接通过 imshow 显示的图像将呈白色，无法正常显示。这是因为 imshow 对浮点型数据图像显示支持的取值范围为 [0, 1]，所以需要对转换之后的图像先除以 255，把取值范围从 0 ～ 255 转换到 0 ～ 1，这样图像就能正常显示出来了。那么如何进行 Mat 数据类型转换呢？Mat 的相关函数代码如下：

```
void cv::Mat::convertTo (
    OutputArray m,
    int rtype,
    double alpha = 1,
    double beta = 0
) const
```

其中，m 表示输出的 Mat 对象，rtype 表示数据类型，alpha 和 beta 分别表示放缩与加和。假设有 Mat 对象 src，转换类型之后的 m =saturate < rType > (src(x, y)*alpha + beta)。下面的代码演示了 CV_8U 和 CV_32F 之间的相互转换与显示：

```
Mat f;
image.convertTo(f, CV_32F);
f = f / 255.0;
imshow("f32", f);
```

上面的代码中，image 是三通道的图像，数据类型为 CV_8U。读者可以尝试注释掉 f = f / 255.0 这行代码，然后观察运行结果。

2.3.2　图像通道

Mat 对象表示图像不仅有数据类型属性，还有通道属性。Mat 对象支持查询通道的数目，OpenCV 支持图像在不同通道数目之间进行切换。其支持通道数目查询的函数如下：

```
int cv::Mat::channels() const
```

Mat 支持不同通道数目相互切换的函数如下：

```
void cv::cvtColor(
    InputArray src,   // 输入
    OutputArray dst,  // 输出
    int code,         // 转换格式
```

```
    int dstCn = 0
)
```

常见的转换格式如下。

1）COLOR_BGR2GRAY：表示三通道转换为单通道（彩色图像转换为灰度图像）。

2）COLOR_GRAY2BGR：表示单通道转换为三通道（无法把丢失的色彩信息转换回来）。

下面的代码是读取一张彩色图像，然后转换为灰度图像，分别打印，显示通道数目如下：

```
Mat src = imread(rootdir + "baboon.jpg");
imshow("input", src);
int cn = src.channels();
printf("image channels : %d \n", cn);
Mat gray;
cvtColor(src, gray, COLOR_BGR2GRAY);
cn = gray.channels();
printf("gray channels : %d \n", cn);
```

运行之后，打印出来的通道数目信息如图 2-10 所示。

图 2-10　通道数目

2.3.3　通道操作

对多通道图像来说，如何正确地对多个通道数据进行获取、处理与合并，并获取指定的通道数据，是图像处理操作需要经常面对的问题。只有掌握了这些基础知识，才能为后续的学习打下良好基础。本节的主要目标是帮助读者掌握通道操作相关的函数应用。

（1）通道分离

通道分离主要针对多通道图像。例如，OpenCV 通过 imread 函数默认加载之后的彩色图像，调用通道分离函数可以得到与三个通道对应的 Mat 对象。相关函数代码如下：

```
void cv::split(
    const Mat &src, // 输入图像
    Mat * mvbegin   // 输出的通道 Mat 数组，用 std::vector<Mat> 类型表示
)
```

（2）通道合并

通道合并是指将处理以后的单个或者多个通道重新合并在一起，生成一幅图像，对应的函数代码如下：

```
void cv::merge(
    InputArrayOfArrays mv, // 输入的多个单通道数据
    OutputArray dst        // 输出 Mat 对象
)
```

（3）通道数据混合与获取

如果在某些时候并不想分离全部的通道，只想调整通道顺序，并生成一个新的 Mat 对象，只需要用 mixChannels 函数就能快速方便地完成这个操作。mixChannels 函数定义如下：

```
void cv::mixChannels(
    const Mat * src,        // 输入图像数组
    size_t nsrcs,           // 输入图像数目
    Mat * dst,
    size_t ndsts,           // 输出数目
    const int * fromTo,     // 索引对
    size_t npairs           // 索引对数目
)
```

介绍完通道分离、合并和数据混合与获取的相关函数之后，下面再演示一个代码片段。这部分代码主要演示如何通过上述介绍的 3 个函数实现通道分离操作与合并操作。这里需要结合之前的位运算知识，对通道进行取反后合并及直接提取单一通道操作。代码实现如下：

```
std::vector<Mat> mv;
split(image, mv);
for (size_t t = 0; t < mv.size(); t++) {
    bitwise_not(mv[t], mv[t]);
}
Mat dst;
merge(mv, dst);
imshow("merge channels", dst);

// 通道数据混合与获取
int from_to[] = { 0,2, 1,1, 2,0 };
mixChannels(&image, 1, &dst, 1, from_to, 3);
imshow("mix channels", dst);
```

运行上述代码即可查看结果。

2.4　小结

本章主要介绍了 Mat 对象的相关知识，帮助读者厘清图像在内存中的数据结构、Mat 的各种属性与基础操作，特别是像素操作、通道相关操作、类型转换，以及图像基本属性（宽、高、深度、通道等）的获取方式等。本章还总结了 Mat 对象创建与使用的基本技巧。

第 3 章

色彩空间

　　"赤橙黄绿青蓝紫，谁持彩练当空舞？"这是对色彩描述得最好的一句话。大约在 160 多年前，人类历史上第一张彩色照片诞生了，它是由红、绿、蓝三个通道三张独立的灰度图像合成之后，最终生成的一张 RGB 彩色图像。虽然其与如今的彩色照片成像原理存在很大的差别，但它是人类首次利用三色原理成像的成果。

　　自第一张彩色照片诞生之后 100 多年的时间里，特别是 20 世纪 90 年代以后，数字成像技术日趋成熟，各种成像设备层出不穷，彩色图像生成技术日渐成熟并大范围普及。这些设备生成的彩色图像，都是由几种主要色彩组合生成的，生成图像的色相、色阶、亮度、饱和度等属性成为衡量这些彩色图像的主要指标。

　　常见的图像色彩空间主要有 RGB 色彩空间、HSV 色彩空间、LAB 色彩空间等。这些色彩空间之间是可以相互转换的，在不同的色彩空间下，图像会以不一样的形态呈现出来。本章将对这几种常见的色彩空间及其应用作出详细解释与代码演示，让读者重新认识图像色彩空间，为后续内容的学习打好基础。

3.1 RGB 色彩空间

　　图像处理中最基础的知识点之一就是图像色彩与颜色模型。对计算机来说，一张图像的表现形式只是一些 0 和 1 的二进制值，但是对人类肉眼来说，看到的则是一些可见光。人类肉眼对以下 3 种颜色的可见光比较敏感；它们是红色（Red）、绿色（Green）和蓝色（Blue）。这就是最基本的 RGB 颜色模型，3 种颜色的波长范围表示如图 3-1 所示。

　　由图 3-1 可见，蓝色波长范围为 450 ～ 495 nm；绿色波长范围为 495 ～ 570 nm；红色波长范围为 620 ～ 750 nm。

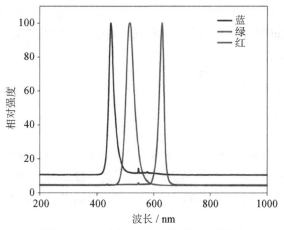

图 3-1　红、绿、蓝波长范围（见彩插）

在可见光范围内，人类肉眼对上述 3 种颜色比较敏感，尤其对绿色最为敏感。根据人类肉眼对颜色的生物感知情况，国际照明协会在 1931 年发布了 CIE XYZ 颜色模型。因为 CIE XYZ 颜色模型覆盖的范围比较大，所以后来微软与惠普又为该模型提出了一个子集颜色模型——sRGB 色彩空间，其中 s 是英文单词"标准"的首字母。sRGB 色彩空间的表示如图 3-2 所示。

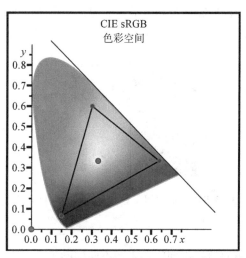

图 3-2　sRGB 色彩空间（见彩插，该图来自 CIE 官网）

图中的黑色三角形区域称为 sRGB 色彩空间，曾广泛应用于个人计算机显示器、打印机、数码相机。到了 20 世纪 90 年代，Adobe 公司提出了一个新的 RGB 色彩空间模型——Adobe RGB 色彩空间。它比 sRGB 色彩空间的取值范围更大，因此色彩也更加细腻、丰富。再后来陆续出现了 RGB 色彩空间的各种变种，但是基本的 RGB 三色表达本质上并没有发生改变。至此，RGB 色彩空间已成为应用最广泛的色彩空间。OpenCV 通过默认加载

imread 函数，使图像都是 RGB 色彩空间，3 个通道的顺序依次为蓝色、绿色、红色（即通道顺序为 BGR）。OpenCV 中关于色彩空间转换与通道顺序操作相关的支持函数如下：

```
void cv::cvtColor(
    InputArray src,   // 输入图像
    OutputArray dst,  // 输出图像
    int code,         // 转换
    int dstCn = 0
)
```

其中，参数 code 表示色彩空间之间的转换关系。比如：将 code 设置为 COLOR_BGR2RGB，表示图像把通道顺序从蓝、绿、红转换为红、绿、蓝；将 code 设置为 COLOR_RGB2BGR，则表示与之相反的转换。进行 BGR2RGB 的通道顺序转换的代码如下：

```
Mat dst;
cvtColor(image, dst, COLOR_BGR2RGB);
```

3.2　HSV 色彩空间

虽然 RGB 色彩空间的色彩比较丰富，但是它也有缺点。它最大的缺点就是无法直观地区分图像的颜色、亮度和饱和度等值。我们需要采用更加直观的图像色彩空间，排在第一位的当属 HSV 色彩空间。它足够直观，也很容易理解，在图像处理中非常有用。HSV 色彩空间示意图如图 3-3 所示。

HSV 色彩空间

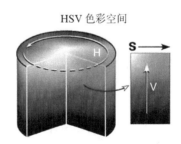

图 3-3　HSV 色彩空间（见彩插，该图来自 CIE 官网）

在图 3-3 中：
- H（Hue）表示颜色通道，不同的值表示不同的颜色范围。
- S 表示饱和度通道，即色泽。
- V 表示亮度通道，代表了图像亮度高低的级别。

在 H、S、V 通道上对图像的亮度、颜色和饱和度进行调整就非常方便了。同时，对一些特定的颜色值进行分离也比较方便。HSV 色彩空间具有非常好的色彩区分度，特别是对常见的红、绿、蓝等色彩，它们在 HSV 色彩空间中的取值范围如表 3-1 所示。

表 3-1　HSV 色彩空间的取值范围

颜色	取值范围					
	hmin	hmax	smin	smax	vmin	vmax
黑	0	180	0	255	0	46
灰	0	180	0	43	46	220
白	0	180	0	30	221	255
红	0	10	43	255	46	255
	156	180				
橙	11	25	43	255	46	255
黄	26	34	43	255	46	255
绿	35	77	43	255	46	255
青	78	99	43	255	46	255
蓝	100	124	43	255	46	255
紫	125	155	43	255	46	255

　　HSV 色彩空间在 OpenCV 中的取值范围具体如下：H 为 0 ～ 180、S 为 0 ～ 255、V 为 0 ～ 255。另外，表 3-1 把部分红色归为了紫色。

　　hmin、hmax 分别表示 H 通道最小值与最大值。以此类推，smin、smax 分别表示 S 通道的最小值与最大值；vmin、vmax 分别表示 V 通道最小值与最大值。

3.3　LAB 色彩空间

　　LAB 色彩空间又名 CIE Lab / LAB，它的提出时间最早可以追溯到 1940 年，但是当时未被采用为国际标准。直到又过了 30 多年（1976 年），CIE 在其基础上不断改进，最终发展成为现在使用的 CIE Lab/LAB。LAB 色彩空间如图 3-4 所示。

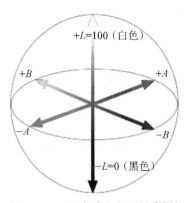

图 3-4　LAB 色彩空间（见彩插）

　　在 LAB 色彩空间中，3 个通道的解释如下。

❏ L：表示亮度信息。

❏ A：表示色度信息中的红色 / 绿色值。

❏ B：表示色度信息中的蓝色 / 黄色值。

3.4 色彩空间的转换与应用

在 OpenCV 中进行色彩空间的转换可以使用 cvtColor 函数。该函数可实现 RGB 色彩空间、HSV 色彩空间和 LAB 色彩空间的相互转换。此外，另一个函数 inRange 也非常有用，常用于根据特定颜色取值范围生成对象掩膜（mask），然后结合其他操作完成对特定对象的提取。下面先来看一下它的描述：

```
void cv::inRange(
    InputArray src,    // 输入图像
    InputArray lowerb, // 最低值范围
    InputArray upperb, // 最高值范围
    OutputArray dst    // 输出
)
```

其中"输出"为单通道 CV_8U 数据类型的图像。

下面的代码演示了图像在 RGB、HSV 和 LAB 3 种色彩空间之间的相互转换，以及如何利用 inRange 函数提取图像中的前景对象，以去除背景。图 3-5 左侧是输入图像，背景是绿色，其 HSV 取值范围对应为 H：35 ～ 99，S：43 ～ 255，V：46 ～ 255。中间显示的是应用 inRange 函数之后的输出图像。右侧是进行位移操作之后的输出结果，可以看到 inRange 函数已经提取到左侧图像中输入的对象。代码实现如下：

```
// 将 RGB 转换为 HSV
Mat hsv;
cvtColor(image, hsv, COLOR_BGR2HSV);
imshow("hsv", hsv);

// 将 RGB 转换为 LAB
Mat lab;
cvtColor(image, lab, COLOR_BGR2Lab);
imshow("lab", lab);

// 提取前景对象
Mat mask;
inRange(hsv, Scalar(35, 43, 46), Scalar(99, 255, 255), mask);
imshow("mask", mask);

Mat dst;
bitwise_not(mask, mask);
bitwise_and(image, image, dst, mask);
imshow("dst", dst);
```

运行结果如图 3-5 所示。

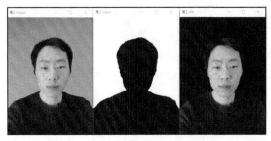

图 3-5　基于 HSV 色彩空间提取前景对象（见彩插）

　　其实这种转色彩空间的思路可以应用于一类问题的解决上。比如，在 RGB 色彩空间中，一些特定颜色的背景物体或者对象因为区分度过低而无法通过 inRange 函数进行划分时，可以尝试先转换到 HSV 或者其他色彩空间，再通过 inRange 函数处理，这样通常能取得比较好的效果。

3.5　小结

　　本章主要介绍了常用的 RGB、HSV 和 LAB 色彩空间，以及它们之间的相互转换关系，还有如何使用色彩空间转换实现对特定颜色背景的提取与分离。通过本章的学习，读者可以进一步融会贯通前面所学的相关基础函数的知识与应用。掌握这些基础操作，能为下一步的学习打下良好的基础。

第 4 章

图像直方图

前面的章节介绍了图像的很多基本属性，包括图像的高、宽、通道数目和数据类型等。常见的色彩空间的像素值都是有取值范围的，RGB 色彩空间的图像 3 个通道的取值范围均为 [0,255]。针对它们的取值范围计算出取值范围内每个数值出现的次数，从而得到像素值的最终分布统计信息。该信息既是图像的基本特征之一，同时也是图像数据的统计学特征，又称为图像直方图。

图像直方图作为图像的基本统计学特征，是不包括位置信息（图像空间信息）的，在图像处理、对象识别、特征提取等方面均有应用。常见的图像直方图处理主要包括直方图的计算与绘制、均衡化、相似性比较以及反向投影等。本章将对 OpenCV 中直方图相关的知识与应用进行详细解释，并提供相关代码演示。

4.1 像素统计信息

比较常见的图像像素统计信息包括计算图像的均值、方差、直方图等，这些信息在一定程度上可以帮助读者更好地理解图像的内容，对图像进行一些简单处理。下面先来看一下 OpenCV 中计算图像均值与方差的相关函数。

（1）计算图像均值的函数

```
Scalar cv::mean (
    InputArray src,
    InputArray mask = noArray()
)
```

其中，src 表示输入的图像，mask 表示掩膜层过滤，返回对象是对输入图像通道数计算均值后的 Scalar 对象。

（2）计算图像均值与方差的函数

```
void cv::meanStdDev (
    InputArray   src,
    OutputArray  mean,
    OutputArray  stddev,
    InputArray   mask = noArray()
)
```

其中，src 表示输入的图像；mean 表示输出图像通道的均值；stddev 表示输出图像通道的方差；mask 表示掩膜层。

下面的代码演示了彩色图像和灰度图像的均值与方差的计算。首先读入的是图片 lena.jpg，然后将它转换为灰度图像，再分别计算彩色图像和灰度图像的均值与方差，当相关变量以 Scalar 类型返回时，相关代码如下：

```
Scalar m_bgr = mean(image);
std::cout << "mean : " << m_bgr << std::endl;
Scalar m, std;
meanStdDev(image, m, std);
std::cout << "meanStdDev.mean : "<< m << std::endl;
std::cout << "meanStdDev.dev : " << std << std::endl;
```

运行结果如图 4-1 所示。

```
mean : [105.399, 99.5627, 179.73, 0]
meanStdDev.mean : [105.399, 99.5627, 179.73, 0]
meanStdDev.dev : [33.7421, 52.8735, 49.0157, 0]
灰度图像
mean : [124.199, 0, 0, 0]
meanStdDev.mean : [124.199, 0, 0, 0]
meanStdDev.dev : [47.8996, 0, 0, 0]
```

图 4-1　均值与方差的计算结果（以 Scalar 类型返回）

运行代码可以得到彩色图像三通道的均值、方差和灰度图像单通道的均值、方差的输出结果。此时从输出结果中是无法得知图像到底有几个通道的，问题该如何解决呢？答案很简单，把调用 meanStdDev 函数的输出变量由 Scalar 类型改为 Mat 类型即可；修改如下：

```
Scalar m, std;
```

改为：

```
Mat m, std;
```

再次运行代码，输出结果如图 4-2 所示。

由图 4-2 可以看到，彩色图像三通道输出计算结果也是 3 个通道各自的均值与方差，灰度图像单通道则是单个的均值与方差。所以在调用 meanStdDev 函数时建议使用 Mat 类型数据作为输出。

```
mean : [105.399, 99.5627, 179.73, 0]
meanStdDev.mean : [105.3989906311035;
 99.56269836425781;
 179.7303047180176]
meanStdDev.dev : [33.74205485167219;
 52.8734582803278;
 49.01569488056406]
灰度图像
mean : [124.199, 0, 0, 0]
meanStdDev.mean : [124.1990203857422]
meanStdDev.dev : [47.89961851555162]
```

图 4-2　均值与方差的计算结果（以 Mat 类型返回）

4.2　直方图的计算与绘制

图像直方图是图像的基本属性之一，也是图像像素数据分布的统计学特征。灰度图像像素的取值范围为 [0, 255]，可以通过直接计算得到直方图信息；而对于 RGB 三通道的彩色图像来说，每个通道单独计算得到的是每个通道的直方图信息。灰度图像的直方图计算方法如图 4-3 所示。

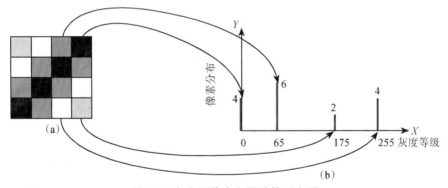

图 4-3　灰度图像直方图计算示意图

图 4-3 中的（a）图代表的是灰度图像，（b）图代表的是对应的直方图信息，其中 X 轴表示像素的取值范围，Y 轴表示各个像素值出现的频次，即像素分布。由图 4-3 可以看到，像素值为 0（黑色）时出现的次数是 4 次、像素值为 65 时出现的次数是 6 次、像素值为 175 时出现的次数是 2 次、像素值为 255（白色）时出现的次数是 4 次。

对彩色图像来说，它有 RGB 三通道，因此首先需要对其完成通道分离操作，然后分别针对 3 个通道完成各自的像素值分布统计，最终得到 3 个通道的直方图信息，如图 4-4 所示。

图 4-4 中，绿色曲线、红色曲线和蓝色曲线分别对应于绿色通道、红色通道和蓝色通道的像素分布直方图。

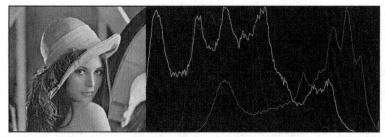

图 4-4　彩色图像三通道直方图（见彩插）

4.2.1　直方图计算

OpenCV 中计算直方图、输出直方图统计信息的相关函数 calcHist 定义如下：

```
void cv::calcHist(
    const Mat * images,
    int nimages,
    const int * channels,
    InputArray mask,
    OutputArray hist,
    int dims,
    const int * histSize,
    const float ** ranges,
    bool uniform = true,
    bool accumulate = false
)
```

参数解释如下。

❑ images：输入图像，一张或者多张，通道与类型一致。

❑ nimages：输入图像的数目。

❑ channels：不同图像的通道索引，编号从 0 开始。

❑ mask：可选参数。

❑ hist：输出直方图。

❑ dims：必须是正整数，值不能大于 CV_MAX_DIMS（当前版本是 32）。

❑ histSize：直方图大小，可以理解为 X 轴上的直方图的取值范围，假设取值范围为 0 ～ 31，那么这 32 个级别会将灰度的 256 个（0 ～ 255）灰度级别分为 32 等份，又称为 32 个 bin。

❑ ranges：表示通道的取值范围，RGB 的取值范围为 0 ～ 256，HSV 中 H 的取值范围为 0 ～ 180。

❑ uniform：表示一致性，对边界数据的处理方式，取值为 false 的时候表示不处理。

❑ accumulate：表示对图像计算累积直方图。

如何使用该函数计算图像的直方图呢？首先需要定义一些基本的变量与常量，比如直方图的 histSize、ranges 和 channels 参数。定义如下：

```
int bins = 32;
int histSize[] = {bins};
float rgb_ranges[] = { 0, 256 };
const float* ranges[] = { rgb_ranges };
int channels[] = { 0 };
```

加载一张灰度图像作为输入，完成对灰度图像的直方图计算，代码实现如下：

```
Mat hist;
calcHist(&image, 1, channels, Mat(), hist, 1, histSize, ranges, true, false);
```

上述代码实现了单张图像单个通道的直方图计算，calcHist 函数中两个 1 分别表示图像数目与图像通道，hist 存储输出的直方图数据。

加载彩色图像作为输入，完成对彩色图像三个通道一维直方图的输出。代码实现如下：

```
std::vector<Mat> mv;
split(image, mv);
Mat b_hist, g_hist, r_hist;
calcHist(&mv[0], 1, channels, Mat(), b_hist, 1, histSize, ranges, true, false);
calcHist(&mv[1], 1, channels, Mat(), g_hist, 1, histSize, ranges, true, false);
calcHist(&mv[2], 1, channels, Mat(), r_hist, 1, histSize, ranges, true, false);
```

首先，通过 split 函数把彩色图像分为 3 个单通道的灰度图像，然后完成与灰度图像类似的调用即可。

4.2.2 直方图绘制

1. 一维直方图的绘制

因为 OpenCV 中没有专门的一维直方图的显示函数，所以需要读者自己实现一维数据的显示。首先创建一张黑色的空白图像，周围留 50 个像素作为边缘。因为屏幕坐标的原点在左上角，所以绘制图像也采用的是基于左上角为 (0,0) 的坐标信息。创建画布、计算每个 bin 之间距离的代码实现如下：

```
Mat histImage = Mat::zeros(Size(800, 500), CV_8UC3);
int padding = 50;
int hist_w = histImage.cols - 2 * padding;
int hist_h = histImage.rows - 2 * padding;
int bin_w = cvRound((double)hist_w / bins);
```

根据直方图数据绘制直方图曲线的代码实现如下：

```
// 绘制直方图曲线
normalize(hist, hist, 0, hist_h, NORM_MINMAX, -1, Mat());
int base_h = hist_h + padding;
for (int i = 1; i < bins; i++) {
    line(histImage, Point(bin_w*(i - 1) + padding, base_h - cvRound(hist.at
        <float>(i - 1))),
        Point(bin_w*(i)+padding, base_h - cvRound(hist.at<float>(i))), Scalar
            (255, 255, 255), 2, 8, 0);
}
```

首先需要根据画布的大小，对直方图数据完成归一化操作，把数据归一化到 [0, hist_h]，这样做主要是为了更好地显示曲线。分别计算三通道彩色图像各通道的直方图数据，进行相似的处理即可，得到的结果如图 4-4 所示。

2. 多维直方图的绘制

有时候需要计算两个通道的直方图，生成一个 2D 的直方图平面。最常见的方法是先把图像从 RGB 色彩空间转换到 HSV 色彩空间，然后基于 HSV 色彩空间的 H 与 S 通道两个分量，分别计算直方图，生成 2D 直方图数据，最终得到一个直方图平面显示。代码实现如下：

```
// 2D直方图
Mat hsv, hs_hist;
cvtColor(image, hsv, COLOR_BGR2HSV);
int hbins = 30, sbins = 32;
int hist_bins[] = { hbins, sbins };
float h_range[] = { 0, 180 };
float s_range[] = { 0, 256 };
const float* hs_ranges[] = { h_range, s_range };
int hs_channels[] = { 0, 1 };
calcHist(&hsv, 1, hs_channels, Mat(), hs_hist, 2, hist_bins, hs_ranges, true,
    false);
double maxVal = 0;
minMaxLoc(hs_hist, 0, &maxVal, 0, 0);
int scale = 10;
Mat hist2d_image = Mat::zeros(sbins*scale, hbins * scale, CV_8UC3);
for (int h = 0; h < hbins; h++) {
    for (int s = 0; s < sbins; s++)
    {
        float binVal = hs_hist.at<float>(h, s);
        int intensity = cvRound(binVal * 255 / maxVal);
        rectangle(hist2d_image, Point(h*scale, s*scale),
            Point((h + 1)*scale - 1, (s + 1)*scale - 1),
            Scalar::all(intensity),
            -1);
    }
}
```

相关参数的定义说明如下。H 通道包含 30 个 bin、S 通道包含 32 个 bin。H 通道的取值范围为 [0,180]，S 通道的取值范围为 [0,256]。进行计算的直方图的维度参数设置如下：一维直方图为 1、二维直方图为 2。最终得到 2D 直方图，如图 4-5 所示。

图 4-5　2D 直方图

4.3　直方图均衡化

我们可以根据图像的像素分布生成直方图数据，假设我们对直方图数据进行相关的处理，改变像素数据的分布，再重新映射到原图，这样就改变了原图的像素分布与显示。因此，通过调整图像直方图数据，从而修改图像实现对比度调整，该操作称为直方图均衡化。图 4-6 显示的是 OpenCV 不同对比度图像的直方图分布结果。

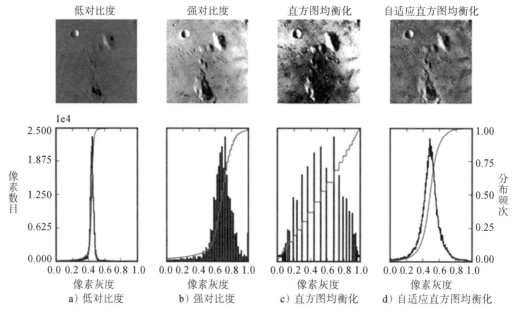

图 4-6　不同对比度增强方法的效果对比

从图 4-6 中可以看出：最左侧列（图 4-6a）是输入图像，也是低对比度图像；左侧二列（图 4-6b）为直接改变像素值获得对比度提升的图像；左侧三列（图 4-6c）通过直方图均衡化完成了对比度提升；最右侧一列（图 4-6d）也是通过直方图均衡化来完成的，不过是基于自适应直方图均衡化实现。

1. 直方图均衡化

OpenCV 中支持两种直方图均衡化的方法，分别如下。

（1）直方图均衡化（全局直方图均衡化）

直方图均衡化的函数定义如下：

```
void cv::equalizeHist(
    InputArray src,
    OutputArray dst
)
```

其中，src 表示输入参数，必须是 CV_8U 数据类型的单通道图像；dst 表示输出图像，数据类型必须与输入图像的类型保持一致。相关的代码演示如下：

```
Mat dst;
equalizeHist(image, dst);
imshow("equalizeHist-gray", dst);
```

（2）对比度受限的自适应直方图均衡化

局部自适应直方图均衡化在 OpenCV 中对应于 CLAHE（局部自适应直方图均衡化）类的实现，通过 createCLAHE 方法创建类实例之后，调用 apply 方法即可完成局部自适应直方图均衡化过程。代码实现如下：

```
auto clahe = createCLAHE(2.0, Size(8,8));
Mat dst;
clahe->apply(image, dst);
imshow("clahe-gray", dst);
```

在创建 clahe 变量时，输入的第一个参数 2.0 表示对比度阈值，默认值是 40，此值越大，对比度越明显。该值主要是为了避免提升对比度导致的局部噪声放大效应；第二个参数表示网络大小，默认值是 Size(8, 8)，表示把输入图像分为多个 8×8 像素的网格。设置好参数，创建了 clahe 对象之后，直接调用 apply 方法即可完成直方图均衡化的操作。

2. 彩色图像的直方图均衡化

上述两种直方图均衡化方法输入的是单通道图像，对于多通道的彩色图像来说，要想实现直方图均衡化操作又该怎么完成呢？结合前面所学的，很多读者首先想到的可能只是通过 split 函数将彩色图像转换为单通道图像数组，然后分别调用直方图均衡化方法进行均衡化操作，最后通过 merge 方法合并输出。这种解决问题的思路其实没有考虑图像色彩空间的影响与差异。通常的做法是，先把图像转换到 HSV 色彩空间，因为 HSV 色彩空间中 V 通道就是亮度分量，修改图像对比度的本质是调整亮度，所以只需要在 HSV 色彩空间先进行通道分离，分别得到 H、S、V 三个分量通道，然后对 V 通道分量进行直方图均衡化操作，最后再与 H 与 S 通道合并即可。代码演示如下：

```
Mat hsv, dst;
std::vector<Mat> mv;
cvtColor(image, hsv, COLOR_BGR2HSV);
split(hsv, mv);
clahe->apply(mv[2], mv[2]);
merge(mv, dst);
cvtColor(dst, dst, COLOR_HSV2BGR);
imshow("equalizeHist-Color", dst);
```

基于局部自适应直方图均衡化的运行结果如图 4-7 所示。

图 4-7　彩色图像直方图均衡化（见彩插）

在图 4-7 中，左侧是输入的原图，右侧是输出的均衡化之后的高对比度图像。

4.4　直方图比较

直方图比较是根据归一化之后的两个直方图数据进行的相似性比较，从而得到两幅图像之间的相似程度。直方图比较在早期的基于内容的图像检索（CBIR）中是很常见的技术手段，通常会结合边缘处理、词袋等技术一起使用。直方图信息是图像的统计学特征，但是该特征不具备唯一性。原因是图像本身的像素分布还包含了空间信息，而直方图统计只考虑了数据分布信息，很可能两张图像的直方图分布相似，但是内容完全不同，所以无法从根本上解决图像内容相似性比较的问题。但是在实际应用中，直方图比较对图像的初步筛选的效果还是很明显的。直方图比较的函数定义如下：

```
double cv::compareHist(
    InputArray H1,
    InputArray H2,
    int method
)
```

其中，H1 与 H2 是两个直方图数据，method 表示衡量直方图数据相似性的计算方法。当前 method 参数支持 7 种直方图相似性比较方法。

1）相关性相似比较（HISTCMP_CORREL）。

2）卡方相似比较（HISTCMP_CHISQR）。

3）交叉相似比较（HISTCMP_INTERSECT）。

4）巴氏距离相似比较（HISTCMP_BHATTACHARYYA）。

5）海林格距离相似比较（HISTCMP_HELLINGER），与巴氏距离相似比较一样。

6）可变卡方相似比较（HISTCMP_CHISQR_ALT）。

7）基于 KL 散度相似比较（HISTCMP_KL_DIV）。

在计算相似性的方法中，比较常用是巴氏距离相似比较与相关性相似比较。它们都支持一维、二维和三维的直方图数据比较，其公式参数和含义读者可自行了解。下面的代码演示的是图像直方图的相似性比较方法：

```
imshow("input1", img1);
imshow("input2", img2);

Mat hsv1, hsv2;
cvtColor(img1, hsv1, COLOR_BGR2HSV);
cvtColor(img2, hsv2, COLOR_BGR2HSV);

int h_bins = 60; int s_bins = 64;
int histSize[] = { h_bins, s_bins };
float h_ranges[] = { 0, 180 };
float s_ranges[] = { 0, 256 };
const float* ranges[] = { h_ranges, s_ranges };
int channels[] = { 0, 1 };
Mat hist1, hist2, hist3, hist4;
calcHist(&hsv1, 1, channels, Mat(), hist1, 2, histSize, ranges, true, false);
```

```
calcHist(&hsv2, 1, channels, Mat(), hist2, 2, histSize, ranges, true, false);

normalize(hist1, hist1, 0, 1, NORM_MINMAX, -1, Mat());
normalize(hist2, hist2, 0, 1, NORM_MINMAX, -1, Mat());
string methods[] = { "HISTCMP_CORREL" , "HISTCMP_CHISQR" ,
    "HISTCMP_INTERSECT" , "HISTCMP_BHATTACHARYYA" };
for (int i = 0; i < 4; i++)
{
    int compare_method = i;
    double src1_src2 = compareHist(hist1, hist2, compare_method);
    printf(" Method [%s]  : src1_src2 : %f  \n", methods[i].c_str(), src1_src2);
}
```

上面的演示代码实现了 HISTCMP_CORREL、HISTCMP_CHISQR、HISTCMP_INTERSECT 和 HISTCMP_BHATTACHARYYA 直方图相似比较方法。在进行直方图相似比较的时候，应先把图像转换到 HSV 色彩空间，这样做的好处是可以降低亮度干扰，然后对 H 与 S 通道进行计算，以生成 2D 直方图。最后调用直方图比较函数完成直方图相似性比较。对相关性相似比较与交叉相似比较方法来说，直方图数据相似性越低，值就越低；而对卡方相似比较与巴氏距离相似比较方法来说，直方图数据相似性越低，值就越高。其中巴氏距离相似比较方法的取值范围为 [0, 1]，0 表示完全相同，1 表示完全不同（不相似）。

注意：直方图相似性比较的前提是要对直方图数据进行归一化处理。这里通过 normalize 函数实现，把数据归一化到 [0, 1]，然后进行比较。

4.5　直方图反向投影

OpenCV 中直方图反向投影（Back Projection）算法的实现参考了论文" Indexing Via Color Histograms"，论文作者是 Michael.J.Swain 与 Dana H. Ballard。论文分为两个部分：第一部分详细描述了颜色直方图的概念；第二部分通过颜色直方图交叉来实现对象鉴别。直方图反向投影算法可以实现的功能包括对象背景区分、在复杂场景中查找对象、不同光照条件的影响效果等。假设 M 表示模型直方图数据，I 表示图像直方图数据，直方图交叉匹配可以描述为如下公式：

$$\sum_{j=0}^{n} \min(I_j, M_j)$$

其中，j 表示直方图的范围，即 bin 的个数。最终得到的结果表示的是有多少个模型的颜色像素与图像中的像素相同或者相似，值越大，表示越相似。归一化表示公式如下：

$$H(I, M) = \frac{\sum_{j=0} \min(I_j, M_j)}{\sum_{j=1}^{n} M_j}$$

这种方法既可以让背景像素变换保持稳定性，又对尺度变换有一定的抗干扰作用。但是它无法实现尺度不变性特征。基于上述理论，两位作者发现通过该方法可以定位图像中已知物体的位置，他们称这个方法为直方图反向投影。正是因为直方图反向投影具备这样的能力，所以在经典的 MeanShift 与 CAMeanShift 跟踪算法中，直方图反向投影成为决定性因素之一。OpenCV 中的直方图反向投影函数如下：

```
void cv::calcBackProject(
    const Mat *images,
    int nimages,
    const int *channels,
    InputArray hist,
    OutputArray backProject,
    const float ** ranges,
    double scale = 1,
    bool uniform = true
)
```

参数说明如下：

❏ images：输入图像，一张或者多张，通道与类型一致。

❏ nimages：输入图像的数目。

❏ channels：不同图像的通道索引，编号从 0 开始。

❏ hist：输入的模板直方图数据。

❏ backProject：表示反向投影之后的输出。

❏ ranges：表示通道的取值范围，RGB 的取值范围为 $0 \sim 256$，HSV 中 H 的取值范围为 $0 \sim 180$。

❏ scale：表示对输出数据的放缩，1.0 表示保持原值。

❏ uniform：表示一致性，对边界数据的处理方式，取值为 false 表示不处理。

下面通过一个程序来演示直方图反向投影的应用，直方图反向投影可以通过特定的 RoI 区域，实现从全图中寻找 RoI 位置区域，然后输出一个掩膜图像的功能。代码实现如下：

```
Mat model_hsv, image_hsv;
cvtColor(tpl, model_hsv, COLOR_BGR2HSV);
cvtColor(image, image_hsv, COLOR_BGR2HSV);

// 定义直方图的参数与属性
int h_bins = 32; int s_bins = 32;
int histSize[] = { h_bins, s_bins };
// hue varies from 0 to 179, saturation from 0 to 255
float h_ranges[] = { 0, 180 };
float s_ranges[] = { 0, 256 };
const float* ranges[] = { h_ranges, s_ranges };
int channels[] = { 0, 1 };
Mat roiHist;
calcHist(&model_hsv, 1, channels, Mat(), roiHist, 2, histSize, ranges, true, false);
normalize(roiHist, roiHist, 0, 255, NORM_MINMAX, -1, Mat());
MatND backproj;
```

```
calcBackProject(&image_hsv, 1, channels, roiHist, backproj, ranges, 1.0);
imshow("BackProj", backproj);
```

上述代码中的 image 表示原图，tpl 表示 RoI 区域。

运行结果如图 4-8 所示。

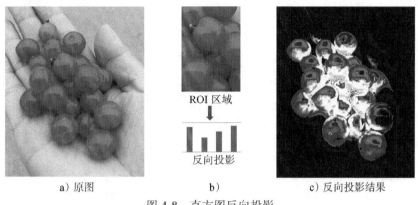

　a）原图　　　　　　　　　b）　　　　　　　c）反向投影结果

图 4-8　直方图反向投影

　　直方图反向投影通常基于 HSV 色彩空间的 H 通道与 S 通道得到 2D 直方图来实现。原因是这类问题的图像 RoI 区域的色彩在 HSV 色彩空间通常能够更好地表达出来，反向投影的效果更好。

4.6　小结

　　本章主要介绍了图像直方图的基本概念、OpenCV 中图像直方图的操作函数以及常见应用。在 4.2 节详细介绍了一维与二维直方图的计算和绘制方法，对灰度与彩色图像的不同直方图均衡化处理方法，以及直方图反向投影的应用实践与技巧等。

进 阶 篇

第 5 章

卷 积 操 作

本章将会从卷积的基本概念开始，学习 OpenCV 中支持的卷积的基本概念、卷积模糊、自定义滤波、梯度提取、边缘发现、边缘保留滤波、锐化增强等内容。前 4 章学习的知识基本上都是基于单个图像像素的操作，比如图像算术的加减法、位运算等。本章将基于窗口或者像素块进行操作，主要是基于图像像素的线性变换实现图像的空间域滤波操作。

5.1 卷积的概念

卷积的概念常用于对数字信号的处理中，即连续的数字信号通过一个特定的响应脉冲完成卷积计算之后的输出信号，如图 5-1 所示。

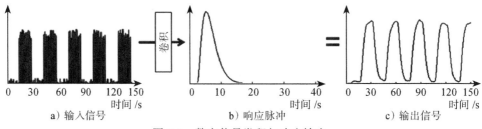

a）输入信号 b）响应脉冲 c）输出信号

图 5-1 数字信号卷积与响应输出

从图 5-1 可以看出，图 5-1a 所示的输入信号表示的是一个在空间域内连续的时间序列信号，图 5-1b 表示的是响应脉冲，又称为滤波器，图 5-1c 输出的是完成了卷积操作的信号。

如果用信号处理的观点来看待一幅图像的话，图像的每一行像素值都可以看成一系列离散的信号，图 5-1b 表示的响应脉冲也可以用几个离散的数值表示，然后进行同样的卷积操作就会得到如图 5-1c 所示的输出结果。举例如下。

❏ 输入信号（一维离散像素点）：[1, 1, 5, 2, 4, 3, 7, 8, 9, 1]。

❏ 响应脉冲（卷积核）：[1, 1, 1]。

❏ 输出信号（一维离散像素点）：[1, 2, 2, 3, 3, 4, 6, 8, 6, 1]。

上面是一维离散卷积计算的例子，其中响应脉冲 [1, 1, 1] 称为卷积核（由一系列系数构成）。它的计算过程可以看成卷积核在一行像素上从左到右进行移动，分别与对应位置的像素值求取点乘结果以后，求均值取整输出。左右两侧因为卷积核无法完全重叠，所以用原值填充。输出的像素信息的第二个值 2 =（1×1+1×1+1×5）/ 3 = 7 / 3 = 2，然后卷积核移动一个像素步长，计算第三个输出值 2 = (1×1+1×5+1×2) / 3 = 8 / 3 = 2，以此类推，最终得到所有输出像素。

从一维离散卷积计算方法可以看出，卷积计算本质上是点乘操作，是线性变换。此外还要有卷积核、每次移动的步长等要素，在没有特殊说明的情况下，卷积核移动的步长均为一个像素单位。一张图像是由一系列二维离散点组成的。假设有一个大小为 3×3 的离散卷积核，在二维的图像上从左到右、从上到下移动，以实现对每个位置的卷积输出，这样就完成了对一张二维图像的卷积处理。图像卷积计算的实现过程如图 5-2 所示。

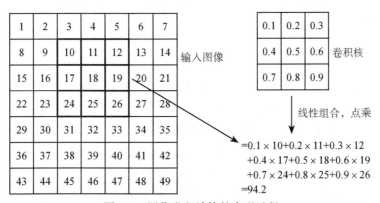

图 5-2　图像卷积计算的实现过程

在图 5-2 中，左侧是输入图像，右上方是对应的卷积核，由一系列离散参数组合而成。当前卷积核窗口在图像中的位置用黑色粗线部分框住时，表明卷积操作就是用卷积核窗口部分对应的像素值与卷积核系数进行点乘操作（见图 5-2 右下方）。点乘操作得到的输出结果是 94.2，接下来用 94.2 替换当前窗口的中心像素值 18。然后卷积核窗口会向右移动一个像素单位的步长，继续进行卷积计算。依此类推，从左到右、从上向下完成二维图像的卷积计算。

下面基于一个 3×3 大小、系数全为 1 的卷积核，来实现对一张图像的卷积操作，OpenCV 代码实现如下：

```
int w = image.cols;
int h = image.rows;
Mat result = image.clone();
```

```
for (int row = 1; row < h - 1; row++) {
    for (int col = 1; col < w - 1; col++) {
        int sum_b = image.at<Vec3b>(row, col)[0] + image.at<Vec3b>(row, col - 1)
            [0] + image.at<Vec3b>(row, col + 1)[0]
            + image.at<Vec3b>(row - 1, col)[0] + image.at<Vec3b>(row - 1, col - 1)
                [0] + image.at<Vec3b>(row - 1, col + 1)[0]
            + image.at<Vec3b>(row + 1, col)[0] + image.at<Vec3b>(row + 1, col - 1)
                [0] + image.at<Vec3b>(row+1, col + 1)[0];

        int sum_g = image.at<Vec3b>(row, col)[1] + image.at<Vec3b>(row, col - 1)
            [1] + image.at<Vec3b>(row, col + 1)[1]
            + image.at<Vec3b>(row - 1, col)[1] + image.at<Vec3b>(row - 1, col - 1)
                [1] + image.at<Vec3b>(row - 1, col + 1)[1]
            + image.at<Vec3b>(row + 1, col)[1] + image.at<Vec3b>(row + 1, col - 1)
                [1] + image.at<Vec3b>(row + 1, col + 1)[1];

        int sum_r = image.at<Vec3b>(row, col)[2] + image.at<Vec3b>(row, col - 1)
            [2] + image.at<Vec3b>(row, col + 1)[2]
            + image.at<Vec3b>(row - 1, col)[2] + image.at<Vec3b>(row - 1, col - 1)
                [2] + image.at<Vec3b>(row - 1, col + 1)[2]
            + image.at<Vec3b>(row + 1, col)[2] + image.at<Vec3b>(row + 1, col - 1)
                [2] + image.at<Vec3b>(row + 1, col + 1)[2];
        result.at<Vec3b>(row, col) = Vec3b(sum_b / 9, sum_g / 9, sum_r / 9);
    }
}
imshow("卷积演示", result);
```

在上述代码中，输入图像 image 是彩色图像，卷积计算需要对 3 个通道分别进行操作来完成。卷积核大小为 3×3，卷积核系数均为 1，这样就变成了对卷积核窗口的 9 个像素点求和。其中，sum_b 表示蓝色通道的求和结果，sum_g 表示绿色通道的求和结果，sum_r 表示红色通道的求和结果。最终要把求和之后的 3 个通道的值分别除以 9，计算后的均值表示该像素点卷积计算的结果，赋值给 result 对应的当前像素点作为输出。卷积核窗口通过 for 循环在宽与高的方向进行移动，移动步长为 1。运行结果如图 5-3 所示。

图 5-3　3×3 卷积模糊效果

仔细对比可以发现，右侧卷积之后的图像稍微有点模糊。

5.2 卷积模糊

5.1 节介绍了图像卷积需要两个关键的输入信息：输入图像与卷积核，最终得到一个输出信息：卷积之后的图像。其中卷积核一般是由 $N \times M$ 大小的矩阵组成，与输入的图像相比，常见的卷积核大小一般为 3×3、5×5、7×7 等。卷积核系数可以相等，也可以不等。如果卷积核的系数不同，卷积输出的结果也就不同，即采用了不同的卷积效果。常见的卷积效果包括：模糊、锐化、梯度、增强、边缘发现等，其中，卷积模糊是最常见的卷积操作，根据卷积核的系数生成方式不一样，卷积模糊又可以分为均值模糊与高斯模糊。

1. 均值模糊函数

均值模糊是卷积核系数相同的一种图像卷积计算方式，卷积核越大，模糊程度越厉害。OpenCV 中的均值模糊函数为 blur，它的定义如下：

```
void cv::blur(
    InputArray src,
    OutputArray dst,
    Size ksize,
    Point anchor = Point(-1,-1),
    int borderType = BORDER_DEFAULT
)
```

参数说明如下。

❑ src：表示输入图像，支持任意通道数目。

❑ dst：表示输出图像，类型与输入图像类型相同。

❑ ksize：表示卷积核大小，卷积核系数为：$k = \dfrac{1}{\text{ksize.width} * \text{ksize.height}} \begin{bmatrix} 1 & 1 & ... & 1 \\ 1 & 1 & ... & 1 \\ 1 & 1 & ... & 1 \\ 1 & 1 & ... & 1 \end{bmatrix}$，

ksize 的值越大，表示均值模糊的程度越高。

❑ anchor：表示锚定，默认情况下，OpenCV 卷积计算输出值为中心像素点，但是可以通过 anchor 参数来修改默认位置。默认的 anchor 参数值为 Point (−1, −1)，表示中心位置。

❑ borderType：表示对边缘的处理方式，卷积在进行图像处理时，因为卷积窗口无法移动最边缘的像素，实现对边缘像素的卷积计算，所以通常需要借助一些边缘填充方法来实现对边缘的填充。

2. 卷积对边缘像素的处理方式

下面就来讲解 OpenCV 中支持的边缘填充方法。

1）常量边界的格式如下：

```
BORDER_CONSTANT
iiiiii|abcdefgh|iiiiiii
```

2）边界复制的格式如下：

```
BORDER_REPLICATE
aaaaaa|abcdefgh|hhhhhhh
```

3）边界反射的格式如下：

```
BORDER_REFLECT
fedcba|abcdefgh|hgfedcb
```

4）边界换行的格式如下（高版本 OpenCV4.x 中已经不再支持）：

```
BORDER_WRAP
cdefgh|abcdefgh|abcdefg
```

5）边界反射 101 的格式如下（BORDER_DEFAULT 与它的处理方式一致）：

```
BORDER_REFLECT_101
gfedcb|abcdefgh|gfedcba
```

6）边界透明的格式如下（OpenCV4 已经不再支持）：

```
BORDER_TRANSPARENT
uvwxyz|abcdefgh|ijklmno
```

7）默认填充方式如下：

在 OpenCV 中，用 filter2D、blur、GaussianBlur 函数等进行的卷积操作，默认支持的边缘像素处理格式为 BORDER_DEFAULT。下面举例说明卷积对边缘像素的处理方式。假设有 2×2 的卷积核，3×3 的像素块，当锚定点为默认中心像素点位置时，使用 BORDER_DEFAULT 进行填充的方式如图 5-4 所示。

```
输入图像：
[[16  0   0]
 [ 0   8   0]
 [ 0   0   4]]

卷积核：
[[1,0],[0,-1]]

BORDER_DEFAULT 填充方式：
[[8   0   8   0   8]
 [0  16   0   0   0]
 [8   0   8   0   8]
 [0   0   0   4   0]
 [8   0   8   0   8]]

卷积结果：
[[-8.  0.   8.]
 [ 0.  8.   0.]
 [ 8.  0.   4.]]
```

图 5-4 使用 BORDER_DEFAULT 进行填充的方式

其填充方式在水平与垂直方向上都是按照 BORDER_DEFAULT (BORDER_REFLECT_101) 来完成的。卷积结果输出的第一个值为 $1 \times 8 + 0 \times 0 + 0 \times 0 + (-1 \times 16) = -8$，余下的可依此类推。

3. 均值模糊代码演示

在 OpenCV 中，实现不同卷积核大小的均值模糊的代码如下：

```
Mat result7x7;
Mat result15x15;
blur(image, result7x7, Size(7, 7), Point(-1, -1), BORDER_DEFAULT);
blur(image, result15x15, Size(15, 15), Point(-1, -1), BORDER_DEFAULT);
imshow(" 均值模糊 -7×7", result7×7);
imshow(" 均值模糊 -15×15", result15×15);
```

上述示例代码分别使用 7×7 与 15×15 的均值卷积核完成了对输入图像的卷积模糊处理，代码运行结果如图 5-5 所示。

图 5-5　不同卷积核窗口大小的模糊操作

在图 5-5 中，从左到右分别是原图、7×7 模糊、15×15 模糊，可以观察到 ksize 值越大，模糊程度越厉害。

4. 高斯模糊

均值模糊在进行图像模糊的时候没有考虑中心像素与周围像素的空间位置关系，采用均值系数的卷积核输出，输出位置的像素点没有被权重提升。而高斯模糊考虑了输出位置像素点与周围像素点的空间位置关系，空间位置不同，使用的卷积核系数也不同，卷积核系数是通过一个 2D 的高斯函数生成的，因此这种卷积模糊方式也称为高斯模糊。二维高斯分布的数学公式如下：

$$G(x,y) = \frac{1}{2\Pi\sigma^2} e^{-\frac{x^2+y^2}{2\sigma^2}}$$

其中，x、y 的取值范围决定了卷积核的大小，σ 表示方差取值范围（为正整数），通常把 $\frac{1}{2\Pi\sigma^2}$ 称为归一化因子。实际的程序实现通常会根据 x、y 的值计算生成 σ 参数，或者根据 σ 参数计算得到 x、y 的值。OpenCV 中的高斯模糊函数如下：

```
void cv::GaussianBlur(
    InputArray  src,
    OutputArray dst,
    Size    ksize,
    double sigmaX,
    double sigmaY = 0,
    int     borderType = BORDER_DEFAULT
)
```

其中，src、dst、ksize、borderType 参数与 blur 函数类似。所以这里重点解释一下 sigmaX 与 sigmaY 参数。当 ksize 的值不为 0 的时候，表示根据 ksize 参数的值计算 sigmaX 参数的值；当 ksize 设置为 Size(0, 0) 时，表示根据 sigmaX 的值计算 ksize 的值。它们之间的计算公式如下：

$$\sigma = 0.3 \times ((\text{Size} - 1) \times 0.5 - 1) + 0.8$$

sigmaY 的值默认为 0，表示与 sigmaX 的值保持相同。使用高斯模糊函数实现高斯模糊的示例代码如下：

```
Mat result_size10;
Mat result_sigma15;
GaussianBlur(image, result_size10, Size(11, 11), 0, 0, BORDER_DEFAULT);
GaussianBlur(image, result_sigma15, Size(0, 0), 15, 0, BORDER_DEFAULT);
imshow("高斯模糊 -10x10", result_size10);
imshow("高斯模糊 -sigma15", result_sigma15);
```

分别使用 10×10 的卷积核窗口与 sigma = 15 完成高斯模糊操作，由图 5-6 可以看出，使用 10×10 的卷积核窗口计算得到的 sigma 值会比较小，模糊程度会比较低，sigma 取值越大，模糊程度越高。上述代码的运行结果如图 5-6 所示。

图 5-6　高斯模糊

在图 5-6 中，左侧是输入的原图，中间是用 10×10 的卷积核窗口进行的高斯模糊处理，右侧是 sigma = 15 时进行的高斯模糊处理。

注意： 在高斯模糊中，ksize 必须设置为奇数，因为偶数无法完成中心化对称，如果设置为偶数，OpenCV 就会出现运行错误。

---

5. 中值模糊

图像模糊卷积滤波，均值模糊与高斯模糊都是基于卷积核系数点乘操作实现线性变换而完成的图像模糊操作。OpenCV 还支持一种基于统计排序的图像模糊方式，称为中值模糊，它的工作原理可以参考图 5-7。

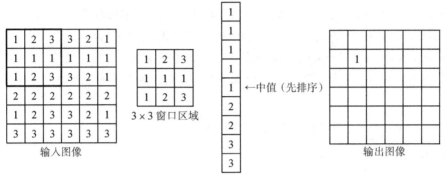

图 5-7　中值模糊

在图 5-7 中，左侧是输入图像，左上角 3×3 粗方框区域表示窗口区域，中间竖直的一维数据表示排序之后的窗口像素值，小的箭头指向中间值（中值）作为输出，这个就是中值滤波。由图 5-7 可以看出，中值滤波不进行点乘计算，只需要对窗口的像素值进行排序即可。OpenCV 中值模糊 / 滤波函数定义如下：

```
void cv::medianBlur(
    InputArray src,
    OutputArray dst,
    int ksize
)
```

其中，src 是输入图像，dst 是输出图像，ksize 表示窗口大小。注意，ksize 的值必须是大于 1 的奇数。

5.3　自定义滤波

从均值模糊与高斯模糊可以看出，不同的卷积核系数会产生不同的卷积 / 滤波效果。有时候开发者希望可以自定义卷积核的系数，然后实现卷积 / 滤波操作，幸好 OpenCV 支持这样的功能。主要是通过自定义卷积核的大小来实现不同的滤波效果，对应的函数为filter2D。该函数的定义如下：

```
void cv::filter2D(
    InputArray src,
    OutputArray dst,
    int ddepth,
```

```
        InputArray kernel,
        Point anchor = Point(-1,-1),
        double delta = 0,
        int borderType = BORDER_DEFAULT
)
```

该函数支持任意的线性滤波器操作，参数 src 与 dst 分别表示输入图像与输出图像，ddepth 表示输出图像的深度。这里需要特别注意的是，输入图像与输出图像的深度可以不一致，ddepth 参数可用于设置输出图像的深度，默认 ddepth = −1，表示输入图像与输出图像的深度类型保持一致。kernel 表示卷积核，这个卷积核是开发者自定义的，剩下的参数与上面均值模糊函数的参数作用类似，这里无须赘述。自定义卷积核实现均值模糊的示例代码如下：

```
Mat k1 = Mat::ones(Size(25, 25), CV_32FC1);
k1 = k1 / (25 * 25);
std::cout << k1 << std::endl;
Mat result25x25;
filter2D(image, result25x25, -1, k1, Point(-1, -1), 0, BORDER_DEFAULT);
imshow(" 自定义模糊 –25×25", result25×25);
```

其中，k1 是自定义的卷积核，卷积系数相同，实现了自定义的均值模糊。从 k1 的定义方式可以看到，我们可以自定义 k1 为任意的宽与高。这样就能得到不同的卷积效果，这个部分的自定义卷积与示例代码也很有意思，下面就来演示一下。

运行结果如图 5-8 所示。

图 5-8　自定义模糊

1. 水平模糊和垂直模糊

定义两个卷积核的大小分别为 25×1 与 1×25，完成卷积操作之后，就会得到水平方向和垂直方向的模糊图像，示例代码如下：

```
Mat k2 = Mat::ones(Size(25, 1), CV_32FC1);
k2 = k2 / (25 * 1);
std::cout << k2 << std::endl;
Mat result25x1;
filter2D(image, result25x1, -1, k2, Point(-1, -1), 0, 4);
```

```
imshow("自定义水平模糊-25×1", result25×1);

Mat k3 = Mat::ones(Size(1, 25), CV_32FC1);
k3 = k3 / (1 * 25);
std::cout << k3 << std::endl;
Mat result1x25;
filter2D(image, result1x25, -1, k3, Point(-1, -1), 0, 4);
imshow("自定义垂直模糊-1×25", result1×25);
```

运行结果如图 5-9 所示。

图 5-9   水平模糊和垂直模糊效果图

2. 对角线模糊

还记得之前学过的 Mat 对象的创建方法吗? 其实还有一种创建 Mat 对象的方法, 即把对角线上的像素值全部初始化为 1, 其他像素值初始化为 0, 那就是 Mat::eye。下面就使用 Mat::eye 创建一个卷积核, 实现对角线模糊。这是一种很常见也是很多图像处理软件都支持的操作之一, 自定义滤波实现对角线模糊的代码如下:

```
Mat k4 = Mat::eye(Size(25, 25), CV_32FC1);
k4 = k4 / (25);
std::cout << k4 << std::endl;
Mat result25;
filter2D(image, result25, -1, k4, Point(-1, -1), 0, 4);
imshow("自定义对角线模糊", result25);
```

运行结果如图 5-10 所示。

图 5-10   对角线模糊效果图

OpenCV 的 filter2D 可以很方便地实现自定义滤波器完成图像模糊计算，从而得到滤波处理后的图像。

5.4 梯度提取

前文介绍过卷积核不同，图像卷积 / 滤波输出的结果也会不一样，因而可以实现不同的图像处理功能，梯度提取就是其中之一。这里首先来解释一下什么是图像的梯度，图像梯度本质上就是图像中不同像素值之间的差异，即差异越大，梯度越大。灰度图像如图 5-11 所示。

图 5-11　灰度图像

图 5-11 从左到右，像素值依次增大，所以它在 X 轴方向（水平方向）有梯度值且不为 0，而对于从上到下的垂直方向来说，每一列的像素值均保持不变，因此它的梯度值为 0。可以用自定义卷积的方式计算图像局部相邻像素差，以实现梯度提取。假设定义的卷积核如图 5-12 所示。

$a0$	$a1$	$a2$
$a7$	$[i,j]$	$a3$
$a6$	$a5$	$a4$

图 5-12　3×3 卷积核示意图

在图 5-12 中，$[i, j]$ 表示当前像素点的坐标，周围是它的 8 个相邻像素点。X 轴方向与 Y 轴方向的梯度计算公式如下：

$$\boldsymbol{M}_x = (a2 + ca3 + a4) - (a0 + ca7 + a6)$$
$$\boldsymbol{M}_y = (a6 + ca5 + a4) - (a0 + ca1 + a2)$$

当系数 $c=1$ 时，卷积核称为 Prewitt 算子：

$$M_x = \begin{bmatrix} -1 & 0 & 1 \\ -1 & 0 & 1 \\ -1 & 0 & 1 \end{bmatrix} \quad M_y = \begin{bmatrix} -1 & -1 & -1 \\ 0 & 0 & 0 \\ 1 & 1 & 1 \end{bmatrix}$$

当系数 $c=2$ 时，卷积核称为 Sobel 算子：

$$M_x = \begin{bmatrix} -1 & 0 & 1 \\ -2 & 0 & 2 \\ -1 & 0 & 1 \end{bmatrix} \quad M_y = \begin{bmatrix} -1 & -2 & -1 \\ 0 & 0 & 0 \\ 1 & 2 & 1 \end{bmatrix}$$

OpenCV 中没有 Prewitt 算子的函数，但是我们可以通过 filter2D 函数实现自定义的卷积核 Prewitt 滤波。OpenCV 中的梯度计算函数除了 Sobel 之外，还有一个基于 Sobel 的增强卷积核，称为 Scharr 算子，它的表示如下：

$$M_x = \begin{bmatrix} -3 & 0 & 3 \\ -10 & 0 & 10 \\ -3 & 0 & 3 \end{bmatrix} \quad M_y = \begin{bmatrix} -3 & -10 & -3 \\ 0 & 0 & 0 \\ 3 & 10 & 3 \end{bmatrix}$$

上述的卷积核或者滤波器都只是在一个方向上计算图像的梯度，所以通常称为图像的一阶导数算子。下面就通过 Sobel 与 Scharr 两个算子（也是滤波函数）的使用方法来演示图像梯度的计算。

1. Sobel 算子

OpenCV 中的 Sobel 算子函数与参数解释如下：

```
void cv::Sobel(
    InputArray src,
    OutputArray dst,
    int ddepth,
    int dx,
    int dy,
    int ksize = 3,
    double scale = 1,
    double delta = 0,
    int borderType = BORDER_DEFAULT
)
```

其中，src 与 dst 分别表示输入图像与输出图像。ddepth 表示输出图像 dst 的深度类型。ddepth = −1 时表示输出图像与输入图像的类型保持一致。dx 表示计算 X 轴（水平）方向的梯度。dy 表示计算 Y 轴（垂直）方向的梯度。ksize 的取值必须是 1、3、5、7、以此类推。scale 表示对求取的一阶导数值是否进行放缩，默认值为 1。delta 表示是否在求得一阶导数的基础上加上常量值 delta，默认值为 0。对于输入的一张图像，使用 Sobel 算子分别求取该图像在 X 轴方向与 Y 轴方向的梯度代码实现如下：

```
Mat gradx, grady;
Sobel(image, gradx, CV_32F, 1, 0);
Sobel(image, grady, CV_32F, 0, 1);
// 归一化到 [0,1]
normalize(gradx, gradx, 0, 1.0, NORM_MINMAX);
normalize(grady, grady, 0, 1.0, NORM_MINMAX);

imshow(" 梯度 -X 轴方向 ", gradx);
imshow(" 梯度 -Y 轴方向 ", grady);
```

代码首先完成了 X 方向与 Y 方向的梯度计算，然后把结果归一化到 [0, 1]，运行结果如图 5-13 所示。

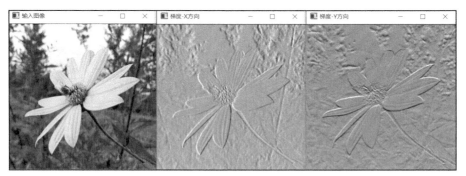

图 5-13　Sobel 梯度图像

注意： Sobel 卷积计算的结果值已经超过了输入图像的 **CV_8U** 字节的取值范围，所以这里输出图像使用了 **CV_32F** 的数据类型，以保证数据不被截断。如果设置 ddepth = -1，你将会观察到与图 5-13 不同的输出显示，显然图 5-13 保证了数据没有被截断。

---

2. Scharr 算子

OpenCV 中 Scharr 算子的函数定义如下：

```
void cv::Scharr(
    InputArray src,
    OutputArray dst,
    int ddepth,
    int dx,
    int dy,
    double scale = 1,
    double delta = 0,
    int borderType = BORDER_DEFAULT
)
```

Scharr 函数的参数意义与解释与 Sobel 函数类似，这里不再赘述。使用 Scharr 算子实现对图像梯度提取的效果要比 Sobel 更强，可以获得更明显的梯度信息。Scharr 提取图像梯度信息的示例代码如下：

```
// Scharr 梯度
Scharr(image, gradx, CV_32F, 1, 0);
Scharr(image, grady, CV_32F, 0, 1);

// 归一化到 [0,1]
normalize(gradx, gradx, 0, 1.0, NORM_MINMAX);
normalize(grady, grady, 0, 1.0, NORM_MINMAX);

imshow(" 梯度 -X 轴方向 ", gradx);
imshow(" 梯度 -Y 轴方向 ", grady);
```

上述代码也是分别求取 X 轴方向与 Y 轴方向的梯度，然后显示，运行结果如图 5-14 所示。

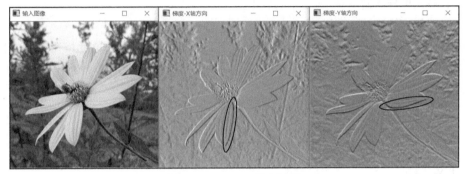

图 5-14　Scharr 梯度图像

由图 5-14 可以看出，Scharr 梯度提取的效果与 Sobel 非常相似。但是仔细观察会发现，Scharr 比 Sobel 梯度多显示了一些细节信息，见图中画圈部分。

5.5　边缘发现

OpenCV 中的 Sobel 梯度函数实现会先完成一个高斯模糊的预处理，以去除图像中的一些噪声干扰，让梯度信息的提取更加稳定。基于梯度图像进一步处理之后就会得到边缘图像，该过程也称为边缘发现。说到边缘图像，下面首先解释一下什么是图像的边缘。有边缘的灰度图像如图 5-15 所示。

图 5-15　有边缘的灰度图像

在图 5-15 中，左侧部分是黑色，右侧部分是灰色，中间从黑色到灰色过渡的部分，梯度值将会发生跃迁，如果梯度值跃迁大于指定阈值 T，就可以称发生跃迁的像素位置为边缘像素，也就是图像的边缘。从中可以看出，图像的边缘与梯度息息相关，想要求取图像的边缘，首先需要计算图像的梯度，然后设置阈值 T，大于 T 的为边缘（白色），小于 T 的则为背景（黑色），这样得到的边缘就会存在很多不连续的断点。1986 年由 John F. Canny 提出的边缘检测算法采取的双阈值机制很好地解决了这个问题。标准的边缘检测算法包括如下几步。

1）将图像转换为灰度图像。

2）通过高斯模糊卷积实现降噪。

3）计算图像梯度的大小与角度。

4）非最大信号压制。

5）双阈值边缘连接。

其中，需要特别强调的是，第 3 步中的计算图像梯度的大小和角度是在 X 轴方向与 Y 轴方向梯度的基础上进一步计算的。根据 X 轴和 Y 轴方向的梯度可以计算出图像中像素点的梯度幅值 G 与角度 θ：

$$G(x,y) = \sqrt{G_x^2(x,y) + G_y^2(x,y)} \text{（L2 计算方法）}$$

$$\theta(x,y) = \tan^{-1}(G_y(x,y) / G_x(x,y))$$

1. 非最大抑制

得到图像梯度的大小和角度之后就可以完成非最大抑制操作了。在理想情况下，只有边缘像素的梯度是大于阈值 T 的，但是在实际情况下，局部也会出现多个高梯度阈值，所以需要每个像素根据自身角度方向与两侧像素的梯度值进行比较。如果当前像素点的梯度值小于两侧像素的梯度值，则将当前像素点的值设置为 0（黑色）；如果大于两侧像素的梯度值，则保留。这步操作称为**非最大抑制**。

2. 双阈值连接

边缘检测算法的双阈值连接是保证边缘连续的关键步骤。在双阈值中，一个是高阈值（H），一个是低阈值（L）。双阈值连接操作首先使用低阈值 L 对梯度图像进行处理，高于 L 的值都保留，低于 L 的值都丢弃，并将值设置为 0。然后使用高阈值 H 对图像进行处理，高于 H 的都视为边缘像素点。梯度值在 $[L, H]$ 之间的：如果从低阈值像素点出发，最终可以通过相邻的像素点连接到高阈值像素点，而且整个连线上的像素点梯度值都大于 L，则保留；否则设置为 0（黑色）。最终显示输出的边缘图像。

OpenCV 已经实现了边缘检测算法，通过 Canny 函数就可以直接调用该算法，从而得到输入图像的边缘图像。Canny 函数定义如下：

```
void cv::Canny(
    InputArray image,
    OutputArray edges,
```

```
    double threshold1,
    double threshold2,
    int apertureSize = 3,
    bool L2gradient = false
)
```

其中，image 表示输入图像，支持灰度与彩色图像的输入，但是输入图像必须是 CV_8U
数据类型。edges 表示单通道 CV_8U 输出图像。threshold1 表示双阈值中的低阈值。threshold2
表示双阈值中的高阈值。apertureSize 表示计算梯度时 Sobel 卷积核的大小。L2gradient 表
示基于 X 轴和 Y 轴方向的梯度计算是否使用了 L2 计算方法，默认值为 false，表示使用 L1
计算方法。Canny 边缘提取的示例代码如下：

```
Mat edge;
int low_T = 150;
Canny(image, edge, low_T, low_T*2, 3, false);
imshow(" 边缘 ", edge);
Mat color_edge;
bitwise_and(image, image, color_edge, edge);
imshow(" 彩色边缘 ", color_edge);
```

上述代码设置低阈值为 150，高阈值是低阈值的两倍，调用边缘检测算法得到输出边缘
图像 edge。edge 可以直接通过 imshow 进行显示。为了让读者复习前面学习过的位操作知
识，这里以位与操作为例。将 edge 作为掩膜，位与操作完成之后得到的 color_edge 将会是
一个彩色的边缘图像。代码运行结果如图 5-16 所示。

图 5-16　边缘检测

注意：使用边缘检测算法时，我发现当双阈值（低高阈值）比率为 1：2 ～ 1：3 效果
比较好。

5.6　噪声与去噪

卷积的其中一个作用是去除噪声，图像在生成过程中产生噪声的原因十分复杂。最常

见的图像噪声可分为如下两类：椒盐噪声、高斯噪声。

噪声对图像梯度的提取和边缘提取等都会造成干扰。在很多图像处理算法中，对输入图像进行噪声抑制预处理已经成为一种常规操作。图像去噪声在 OCR、机器人视觉的应用开发中尤为重要，对图像的二值化与二值分析也非常有益。OpenCV 中常见的图像去噪声的方法如下。

- 均值或高斯模糊去噪声。
- 中值去噪声。
- 双边滤波去噪声。
- 非局部均值去噪声。
- 形态学去噪声。

下面首先介绍前面 3 种去噪声方法，本书的后续章节会陆续介绍其他的去噪方法。在实现图像去噪声之前，先演示一段程序帮助读者理解椒盐噪声与高斯噪声的生成原因。

1. 椒盐噪声

椒盐噪声本质上是一些分布之外的离群值，在图像上的表现是一些离散的 0 或者 255 的黑白像素点。通过产生随机坐标，修改一张输入图像的像素值为 0 或者 255，即可生成椒盐噪声图像，代码实现如下：

```
RNG rng(12345);
int h = image.rows;
int w = image.cols;
int nums = 10000;
Mat jynoise_img = image.clone();
for (int i = 0; i < nums; i++) {
    int x = rng.uniform(0, w);
    int y = rng.uniform(0, h);
    if (i % 2 == 1) {
        jynoise_img.at<Vec3b>(y, x) = Vec3b(255, 255, 255);
    }
    else {
        jynoise_img.at<Vec3b>(y, x) = Vec3b(0, 0, 0);
    }
}
imshow(" 椒盐噪声 ", jynoise_img);
```

在上述代码中，输入的 image 是三通道彩色图像，生成的椒盐噪声图像为 jynoise_img。运行代码的显示结果如图 5-17 所示。

2. 高斯噪声

高斯噪声是一种符合高斯分布的随机噪声，OpenCV 中生成高斯噪声图像的方法很简单。首先创建一个高斯随机噪声矩阵 Mat，然后把该矩阵叠加到输入图像即可生成高斯噪声图像，示例代码如下：

```
Mat noise = Mat::zeros(image.size(), image.type());
randn(noise, (15, 15, 15), (30, 30, 30));
```

```
Mat dst;
add(image, noise, dst);
imshow(" 高斯噪声 ", dst);
```

　　noise 是随机生成的高斯噪声 Mat 对象，其大小与输入图像的大小一致。通过 randn 函数为高斯随机分布图像生成输入均值是 15，方差是 30 的参数，将生成图像与输入图像叠加输出，就会得到高斯噪声图像。代码运行结果如图 5-18 所示。

图 5-17　原图与叠加了椒盐噪声的图像

图 5-18　原图与叠加了高斯噪声的图像（见彩插）

3. 椒盐噪声去除

　　需要根据产生噪声方法的不同，选择适当的去噪方法才能获得最好的图像去噪效果，在数字信号处理中通过卷积去除噪声的方法非常常见，如图 5-19 所示。

图 5-19　信号滤波矫正

在图 5-19 中（从上向下）：

第 1 行是输入信号，可以发现当中有一个明显的离群点。

第 2 行显示该输入信号通过中值模糊 / 滤波之后得到了正确修复。

第 3 行显示该输入信号通过均值模糊 / 滤波也得到了修复，但是修复的效果没有中值模糊 / 滤波的好。

这里可以把输入信号看作是离群点，看作是图像的椒盐噪声。通过图 5-19 的矫正效果对比来看，对于椒盐噪声来说，中值滤波的效果要好于均值滤波。对输入的椒盐噪声图像分别进行中值滤波与均值滤波去噪的代码如下：

```
Mat median_denoise, mean_denoise;
medianBlur(jynoise_img, median_denoise, 5);
blur(jynoise_img, mean_denoise, Size(5, 5));
imshow("中值去噪-5×5", median_denoise);
imshow("均值去噪-5×5", mean_denoise);
```

代码运行结果如图 5-20 所示。

图 5-20　对椒盐噪声中值去噪与均值去噪效果对比图

在图 5-20 中，左侧是输入的椒盐噪声图像，中间是 5×5 中值去噪效果图，右侧是 5×5 均值去噪效果图，对比可以得出中值去噪对椒盐噪声的去除效果更有效。

5.7 节将详细介绍高斯噪声的去噪，这里就不再展开讲述了。

5.7　边缘保留滤波

前文介绍过，均值模糊（滤波）与高斯模糊（滤波）函数在完成图像模糊的同时会破坏图像的边缘信息，无法保持图像边缘信息的完整性。那么，有没有这样一类算法可以在实现模糊的同时，又能保留图像的边缘信息呢？答案是：肯定有，那就是边缘保留滤波。在 OpenCV 中，此类算法有好几个相关的函数可以调用，最常用的就是高斯双边滤波函数。该函数主要是基于两个高斯核生成权重，完成图像滤波，实现对边缘信息的保留。双边滤波的原理如图 5-21 所示。

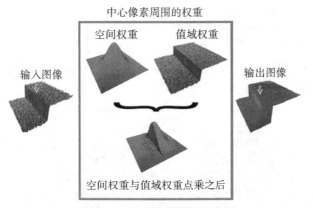

图 5-21 双边滤波原理示意图

由图 5-21 可以看出，之前高斯模糊只考虑了空间因素，根据空间分布生成窗口权重。但实际图像的每个像素点，严格意义上共有 5 个维度：x、y、r、g、b。普通的模糊窗口只考虑了 x、y 两个维度的影响，而没有考虑 r、g、b 维度的影响。因为双边滤波的另外一个高斯模糊窗口考虑了 r、g、b 的分布影响，所以它考虑了全部 5 个维度。由于有两个核点乘之后的模糊操作，所以双边滤波也称为高斯双边模糊。因为双边滤波需要考虑相邻像素与中心像素的 r、g、b 差值，差值越大，权重系数就会越小，而差值大就代表梯度高，这样就得以保留不参与模糊操作，所以它是一种很好的边缘保留滤波算法。OpenCV 中的双边滤波函数定义如下：

```
void cv::bilateralFilter(
    InputArray src,
    OutputArray dst,
    int d,
    double sigmaColor,
    double sigmaSpace,
    int borderType = BORDER_DEFAULT
)
```

其中，src 表示输入图像。dst 表示输出图像。d 表示滤波过程中使用的像素邻域直径，取值为 0 表示从 sigmaSpace 开始计算。sigmaColor 表示颜色差异，值越大，表示像素混合时相邻像素的差值取值高低像素的范围越大。sigmaSpace 表示空间位置差异，距离中心像素越远，权重越低。当 d 不为 0 时，使用声明的邻域直径，而无论 sigmaSpace 的值是多少；borderType 默认为 BORDER_DEFAULT。

当 sigmaColor 的值低于 10 的时候，效果不会很明显，其值大于 150 的时候效果将与卡通效果类似。sigmaSpace 的取值在 10 左右。如果需要运用于实时应用场景中，参数 d 值应当设置在 5 以下。使用高斯双边滤波函数实现图像去噪声的代码如下：

```
Mat denoise_img, cartoon;
bilateralFilter(image, denoise_img, 7, 80, 10);
```

```
bilateralFilter(image, cartoon, 0, 150, 10);
imshow(" 去噪效果 ", denoise_img);
imshow(" 卡通效果 ", cartoon);
```

上述代码调用的高斯双边滤波函数使用了不同的参数输入来完成去噪效果和卡通效果的演示，运行结果如图 5-22 所示。

图 5-22　高斯双边模糊

在图 5-22 中，左侧是输入的图高斯噪声图像，中间是通过双边滤波去噪生成的图像，右侧是卡通效果。可以看出，使用不同的输入参数会产生不同的图像效果，但是它们都很好地保留了图像的边缘信息。所以双边滤波也经常用于实现人脸图像的去噪和美颜效果。

5.8　锐化增强

Sobel 与 Scharr 等算子都是在同一个方向完成图像梯度的提取和计算，要得到图像两个方向的梯度，还需要进一步计算，那么有没有一个卷积核可以同时直接计算得到 X 轴方向与 Y 轴方向的梯度，并且实现图像梯度的提取呢？答案是拉普拉斯算子，如图 5-23 所示。

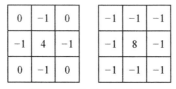

图 5-23　拉普拉斯算子

在图 5-23 中，左侧是拉普拉斯的卷积核，右侧是拉普拉斯卷积核的进一步扩展从四邻域到八邻域。用数学公式表达拉普拉斯的公式如下：

$$L(x,y) = \frac{\partial^2 I}{\partial x^2} + \frac{\partial^2 I}{\partial y^2}$$

即分别求取 X 轴方向与 Y 轴方向的二阶导数，对于一幅离散的数字图像像素数组来说：

X 轴方向的二阶导数可以表示为 $\dfrac{\partial^2 I}{\partial x^2} = 2f(x,y) - f(x+1,y) - f(x-1,y)$

Y 轴方向的二阶导数可以表示为 $\dfrac{\partial^2 I}{\partial y^2} = 2f(x,y) - f(x,y-1) - f(x,y+1)$

合起来就是图 5-23 中左侧拉普拉斯卷积核。拉普拉斯在图像锐化 / 增强上都有很好的效果，因此其经常用于实现图像锐化 / 增强。OpenCV 中的拉普拉斯函数定义如下：

```
void cv::Laplacian(
    InputArray src,
    OutputArray dst,
    int ddepth,
    int ksize = 1,
    double scale = 1,
    double delta = 0,
    int borderType = BORDER_DEFAULT
)
```

其中，src 与 dst 分别表示输入图像和输出图像，ddepth 表示输出图像的深度，ksize 表示卷积核窗口的大小必须是正数而且是奇数。scale 表示尺度，默认值为 1，delta 表示对输出像素加上常量，默认值为 0，表示不加常量。

1. 图像锐化

图像锐化是拉普拉斯滤波的应用之一，常见的图像锐化方式是原图＋拉普拉斯锐化图像，其卷积核操作可以看作如下算式：

$$\begin{bmatrix} 0 & 0 & 0 \\ 0 & 1 & 0 \\ 0 & 0 & 0 \end{bmatrix} + \begin{bmatrix} 0 & -1 & 0 \\ -1 & 4 & -1 \\ 0 & -1 & 0 \end{bmatrix} = \begin{bmatrix} 0 & -1 & 0 \\ -1 & 5 & -1 \\ 0 & -1 & 0 \end{bmatrix}$$

等号左侧可以看作是原图＋拉普拉斯算子，等号右侧就是得到的图像锐化的算子。根据上述公式，可以得到图像卷积锐化的代码实现如下：

```
Mat lap_img, sharpen_img;
Laplacian(image, lap_img, CV_32F, 3, 1.0, 0.0, 4);
normalize(lap_img, lap_img, 0, 1.0, NORM_MINMAX);
imshow("拉普拉斯", lap_img);

Mat k = (Mat_<float>(3, 3) << 0, -1, 0, -1, 5, -1, 0, -1, 0);
filter2D(image, sharpen_img, -1, k, Point(-1, -1), 0, 4);
imshow("锐化", sharpen_img);
```

上面的代码实现了图像的拉普拉斯滤波与显示方法，以及如何基于自定义的锐化算子实现拉普拉斯锐化操作，代码运行结果如图 5-24 所示。

在图 5-24 中，左侧是输入图像，中间是经过拉普拉斯滤波处理之后的图像，右侧是锐化图像。通过对比可以发现，锐化之后的图像比原图像更加立体，细节更加显眼。这就是拉普拉斯对图像锐化的增强效果。

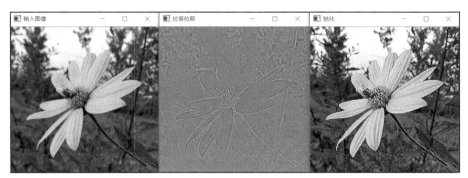

图 5-24　拉普拉斯锐化增强效果

2. 计算图像锐度

拉普拉斯滤波是对图像的二阶导数计算，根据每个像素的拉普拉斯滤波输出值，计算图像的拉普拉斯改进和。将改进和作为图像锐度指标，对一系列相同画面的图像完成质量评价，找出清晰度最佳的那张图像。其中，拉普拉斯改进和的计算公式如下：

$$\nabla^2_{ml} f(x,y) = \left| 2f(x,y) - f(x-\text{step},y) - f(x+\text{step},y) \right| + \\ \left| 2f(x,y) - f(x,y-\text{step}) - f(x,y+\text{step}) \right|$$

其中，step 表示邻域步长。

基于拉普拉斯改进和计算图像锐度的代码实现如下：

```
// 计算图像锐度
Mat gray;
int h = image.rows;
int w = image.cols;
float sum = 0;
cvtColor(image, gray, COLOR_BGR2GRAY);
for (int row = 1; row < h - 1; row++) {
    for (int col = 1; col < w - 1; col++) {
        int dx = gray.at<uchar>(row, col) * 2 - gray.at<uchar>(row, col + 1) -
            gray.at<uchar>(row, col - 1);
        int dy = gray.at<uchar>(row, col) * 2 - gray.at<uchar>(row + 1, col) -
            gray.at<uchar>(row - 1, col);
        sum += (abs(dx) + abs(dy));
    }
}
```

上述代码首先把输入图像转换成灰度图像，然后计算拉普拉斯改进和 sum。对相同画面的图像而言，sum 值越大，图像越清晰，这样很容易就能根据该值快速找到清晰度较高的图像。

5.9　小结

本章从卷积的基本概念入手，详细介绍了图像卷积的基本原理及其关键要素卷积核，并引出通过图像卷积处理实现模糊、去噪、梯度、锐化、边缘检测等常见功能的基本原理与相关 OpenCV 函数的应用。本章详细解释了 OpenCV 图像卷积处理边缘像素的几种方式，解释了卷积核与输出图像数据类型之间的关系，阐述了卷积核选择与自定义卷积核的相关操作支持。

通过本章的学习，读者应该能够理解卷积的基本原理，熟练掌握相关函数的使用方法和重要参数的含义，解决实际中的更多相关工程问题。在学习过程中，希望大家不要孤立看待相关的函数知识，而要想办法把它们与相关知识联系起来，达到与前面章节所学内容融会贯通的效果。

第 6 章

二 值 图 像

本章主要学习二值图像的各种阈值化技术，以及基于前面已经掌握的知识，总结图像二值化的各种操作方法与代码实现。

二值图像在图像处理、对象检测与测量、缺陷检测、模式识别、机器人视觉等方面都有很重要的应用，所以学好图像二值化的各种技术，有利于读者更好地掌握本书后续章节的知识。

鉴于部分读者已经对图像二值化有了一定的了解，所以本章可以进行选择性阅读。

6.1　图像阈值化分割

图像阈值化分割是指使用阈值对图像进行分割，基于一个简单的阈值 T 实现对图像二分类的分割，这是最简单的阈值化分割方法。图 6-1 所示为图像的阈值化分割（T=127）效果。

图 6-1　图像的阈值化分割（T=127）

在图 6-1 中，左侧是输入的彩色图像，图像阈值 T=127。基于这个值，用阈值化分割方法来实现对图像的二分类分割，即像素值大于 127 的设为白色（255），像素值小于或等于 127 的设为黑色（0），最终得到右侧的二值图像。OpenCV 中的阈值化分割函数定义如下：

```
double cv::threshold(
    InputArray src,
    OutputArray dst,
    double thresh,
    double maxval,
    int type
)
```

其中：

1）src 与 dst 分别表示输入图像和输出图像，支持单通道与多通道，数据类型支持 CV_8U 与 CV_32F。

2）thresh 表示阈值。

3）maxval 表示最大值，当图像数据类型为 CV_8U 时，其最大值为 255，当图像数据类型为 CV_32F 时，其最大值为 1.0。

4）type 表示阈值化方法。OpenCV 中支持 5 种阈值化方法，它们的解释分别如下。

①二值化是指将阈值 T 与每个像素点的像素值进行比较，结果大于阈值 T 的赋值为最大值 maxval；其他情况下赋值为 0。

②二值化反同样也是比较阈值 T 与每个像素点的像素值，结果大于阈值 T 的赋值为 0；其他情况下赋值为 maxval，所以形象地称它为二值化反。

③阈值截断是指将阈值 T 与每个像素点的像素值进行比较，结果大于阈值 T 的赋值为 T；其他情况下赋值为 0，由此可以看出超过阈值的数值会被截取，只保留阈值大小。

④阈值取零是指将阈值 T 与每个像素点的像素值进行比较，只要结果是不大于阈值的像素点就都赋值为 0。

⑤阈值取零反是指将阈值 T 与每个像素点的像素值进行比较，只要结果是大于阈值的像素点就都赋值为 0。

5 种阈值化方法在 OpenCV 中的定义分别如下。

❑ THRESH_BINARY：二值化。

❑ THRESH_BINARY_INV：二值化反。

❑ THRESH_TRUNC：阈值截断。

❑ THRESH_TOZERO：阈值取零。

❑ THRESH_TOZERO_INV：阈值取零反。

在使用 threshold 函数时，可输入不同的类型，实现不同的图像阈值化，示例代码如下：

```
Mat binary;
threshold(image, binary, 127, 255, THRESH_BINARY);
imshow(" 二值化 ", binary);
```

```
threshold(image, binary, 127, 255, THRESH_BINARY_INV);
imshow(" 二值化反 ", binary);
threshold(image, binary, 127, 255, THRESH_TRUNC);
imshow(" 阈值截断 ", binary);
threshold(image, binary, 127, 255, THRESH_TOZERO);
imshow(" 阈值取零 ", binary);
threshold(image, binary, 127, 255, THRESH_TOZERO_INV);
imshow(" 阈值取零反 ", binary);
```

根据输入图像与 type 支持的 5 种阈值化方法，可以得到 5 种不同效果的阈值分割输出图像。代码运行结果如图 6-2 所示。

图 6-2　5 种阈值化处理结果

注意： 示例代码部分的输入图像是彩色图像，读者可以尝试先把彩色图像转换为灰度图像，然后执行演示代码，看看结果会如何。

6.2　全局阈值计算

实际上，6.1 节的内容还有一个核心问题没有解决，那就是阈值从哪里来？ 6.1 节使用了一个人工设定的阈值 $T=127$ 来进行分割，但实际上这个值并不科学，也毫无依据可言。那么，阈值又是如何计算的呢？

图像二值化的阈值计算方法有很多，单从算法类型上来说，可以分为全局阈值计算和局部阈值计算（自适应阈值计算）两大类。OpenCV 支持两种经典的全局阈值计算方法，分别是大津法与三角法。自适应阈值计算方法支持均值与高斯自适应两种。本节将重点解释全局阈值计算的大津法与三角法的基本原理以及 OpenCV 相关函数的使用方法。

1. 大津法

该方法最早是由大津展之提出的，所以通常称为大津法。该方法主要基于图像灰度直方图信息，通过计算最小类内方差来寻找阈值 T，并根据阈值 T 将图像分为前景（白色）或者背景（黑色）。假设有一个 6×6 的灰度图像，其像素数据及与其对应的直方图如图 6-3 所示。

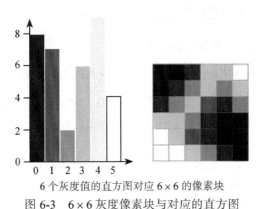

6 个灰度值的直方图对应 6×6 的像素块

图 6-3　6×6 灰度像素块与对应的直方图

以图 6-3 为例说明大津法的阈值寻找方法。首先假设阈值 $T=3$，则背景像素和前景像素的直方图如图 6-4 所示。

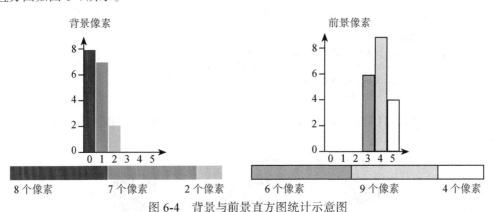

图 6-4　背景与前景直方图统计示意图

基于图 6-4 的统计结果，分别计算前景与背景像素的比重、均值、方差的结果如下。

背景像素比重：$W_b = \dfrac{8+7+2}{36} = 0.4722$

背景像素均值：$\mu_b = \dfrac{(0\times8)+(1\times7)+(2\times2)}{17} = 0.6471$

背景像素方差： $\sigma_b^2 = \dfrac{[(0-0.6471)^2 \times 8] + [(1-0.6471)^2 \times 7] + [(2-0.6471)^2 \times 2]}{17}$

$= \dfrac{(0.4187 \times 8) + (0.1246 \times 7) + (1.8304 \times 2)}{17} = 0.4637$

前景像素比重： $W_f = \dfrac{6+9+4}{36} = 0.5278$

前景像素均值： $\mu_f = \dfrac{(3 \times 6) + (4 \times 9) + (5 \times 4)}{19} = 3.8947$

前景像素方差： $\sigma_f^2 = \dfrac{[(3-3.8947)^2 \times 6] + [(4-3.8947)^2 \times 9] + [(5-3.8947)^2 \times 4]}{19}$

$= \dfrac{4.8029 + 0.0997 + 4.8867}{19} = 0.5152$

然后使用上述计算结果，计算类内方差：

$$\sigma_w^2 = W_b\sigma_b^2 + W_f\sigma_f^2 = 0.4722 \times 0.4637 + 0.5278 \times 0.5152 = 0.4909$$

上述整个计算的步骤与结果都是假设阈值 $T=3$ 时的结果，同样计算假设阈值 $T=0$、$T=1$、$T=2$、$T=4$、$T=5$ 时的类内方差，比较类内方差之间的值，最小的类内方差对应的 T 即为图像二值化的阈值。

上述仅仅是假设图像灰度值的取值范围为 0 ～ 5 这 6 个值。实际上，图像灰度值的取值范围为 0 ～ 255，所以要循环计算，使用每个灰度值作为阈值，得到类内方差，最终取最小类内方差对应的灰度值作为阈值，实现图像二值化。

OpenCV 可以通过 threshold 函数的 type 参数来设置是否支持大津法，当 type 参数设置为 THRESH_OTSU，表示支持大津法。当使用大津法自动计算阈值时，threshold 函数的输入图像（src）必须是单通道灰度图像。基于大津法进行图像二值化的示例代码如下：

```
Mat gray, binary;
cvtColor(image, gray, COLOR_BGR2GRAY);
double t = threshold(gray, binary, 0, 255, THRESH_BINARY | THRESH_OTSU);
std::cout << "threshold value : " << t << std::endl;
imshow("OTSU 二值化 ", binary);
```

首先需要把输入的图像转换为灰度图像，然后调用 threshold 函数完成二值化。运行结果如图 6-5 所示。

图 6-5　大津法二值化

注意：使用大津法时，手动输入的阈值不会起作用，自动计算得到的阈值是 threshold 函数的返回值。

2. 三角法

三角法求阈值最早出现在作者 Zack 研究染色体的论文"Automatic measurement of sister chromatid exchange frequency"中。三角法与大津法都是基于直方图数据计算，最终实现阈值查找。三角法使用纯几何方法来寻找最佳阈值，它的成立条件是假设直方图的最大波峰在靠近最亮的一侧，然后通过三角形求得最大直线距离，根据最大直线距离所对应的直方图灰度等级即可求得分割阈值。三角法求阈值的计算方法如图 6-6 所示。

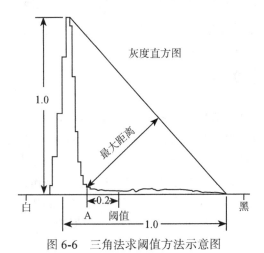

图 6-6　三角法求阈值方法示意图

有时候最大波峰所对应的位置并不在直方图最亮的一侧，而是在较暗的一侧。这样就需要翻转直方图，然后用 255 减去翻转之后求得的值，即可得到阈值 T。

与大津法调用类似，在 OpenCV 中调用三角法可以通过 threshold 函数的 type 参数来设置。当 type 参数设置为 THRESH_TRIANGLE 时，表示调用三角法。OpenCV2.4 版之前并不支持三角法，自 OpenCV2.4.x 之后的版本开始支持。基于三角法实现图像二值化的示例代码如下：

```
t = threshold(gray, binary, 0, 255, THRESH_BINARY | THRESH_TRIANGLE);
std::cout << "threshold value : " << t << std::endl;
imshow("三角法二值化", binary);
```

运行结果如图 6-7 所示。

在图 6-7 中，左侧是输入的彩色图像，需要先转换为灰度图像，然后调用三角法完成二值化，最终得到如右侧的二值图像。

图 6-7　三角法二值化

注意：在实际应用中，三角法适用于有单峰直方图的图像，大津法适用于有双峰直方图的图像。

6.3　自适应阈值计算

全局阈值计算方法对光照方向一致的图像会有很好的二值化效果，但是当光照方向不一致的时候，全局阈值计算会破坏图像的原有信息，导致二值图像的大量信息丢失，此时就需要一个更加智能的二值化分割算法，可以在亮度不均匀的情况下，抵消亮度对图像的影响，完成二值化分割。这个算法就是 OpenCV 中的自适应阈值分割。

OpenCV 中的自适应阈值分割并不会真正产生一个局部阈值，而是先对输入的图像进行模糊处理，然后使用原图减去模糊图像得到一个差值图像，再使用常量阈值 C 来与每个差值进行比较，大于 −C 的则赋值为白色，否则为 0。

根据选择的模糊方式不同，自适应阈值分割可以分为均值自适应分割与高斯自适应分割。自适应阈值分割的函数定义如下：

```
void cv::adaptiveThreshold (
    InputArray src,
    OutputArray dst,
    double maxValue,
    int adaptiveMethod,
    int thresholdType,
    int blockSize,
    double C
)
```

其中，src 与 dst 分别是输入图像与输出图像，而且它们必须是 8 位单通道的。maxValue 是赋值给满足自适应条件的前景图像灰度值，一般将 maxValue 设置为 255 即可。adaptiveMethod 自适应方法当前支持均值自适应与高斯自适应两种方法 thresholdType 是阈值化类型，支持 6.1 节中介绍的 5 种阈值化方法。blockSize 表示计算时候的窗口大小，而且必须是奇数，参数 C 为常量。用自适应阈值分割图像的示例代码如下：

```
Mat binary;
adaptiveThreshold(image, binary, 255, ADAPTIVE_THRESH_MEAN_C, THRESH_BINARY, 25, 10);
imshow("C 均值模糊自适应 ", binary);

adaptiveThreshold(image, binary, 255, ADAPTIVE_THRESH_GAUSSIAN_C, THRESH_BINARY,
    25, 10);
imshow(" 高斯模糊自适应 ", binary);
```

当输入的 blockSize = 25、C = 10 时，均值自适应分割与高斯自适应分割的二值化结果
如图 6-8 所示。

图 6-8　自适应阈值分割图像示例

6.4　去噪与二值化

　　图像二值化很容易受到图像噪声的影响，有时候噪声会影响图像二值化的后续处理。
常见的解决方法是在图像二值化之前对图像进行去噪预处理，处理完成之后再进行图像二
值化操作。

6.4.1　去噪对二值化的影响

　　下面的例子将使用不同的去噪方法对图 6-9 实现去噪，然后二值化，从而对比不同的
去噪方法对二值化的影响。

图 6-9　硬币图

对图 6-9 分别进行直接二值化、先高斯模糊预处理再二值化、先高斯双边模糊预处理再二值化处理。3 种方式的代码实现如下：

```
Mat binary;
threshold(image, binary, 0, 255, THRESH_BINARY | THRESH_OTSU);
imshow(" 直接二值化 ", binary);

Mat denoise_img;
GaussianBlur(image, denoise_img, Size(5, 5), 0, 0);
threshold(denoise_img, binary, 0, 255, THRESH_BINARY | THRESH_OTSU);
imshow(" 高斯模糊预处理 + 二值化 ", binary);

bilateralFilter(image, denoise_img, 0, 100, 10);
threshold(denoise_img, binary, 0, 255, THRESH_BINARY | THRESH_OTSU);
imshow(" 高斯双边模糊预处理 + 二值化 ", binary);
```

进行预处理之后，3 种方式的运行结果分别如图 6-10 所示。

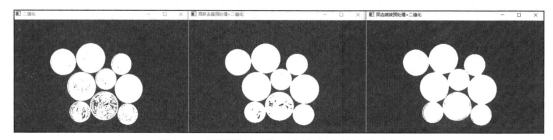

图 6-10　不同预处理与二值化方式的结果对比

在图 6-10 中，左侧是直接二值化之后的输出，中间是高斯模糊预处理之后的二值化输出，右侧是高斯双边模糊预处理之后的二值化输出。

6.4.2　其他方式的二值化

在实际的图像处理分析中，将彩色图像转换为二值图像的方式可能有很多，不一定非要通过 threshold 函数或者 adaptiveThreshold 函数来获取。在 OpenCV 中，Canny 函数的输出也是二值图像，inRange 函数也会输出二值图像。此外，后续章节中的一些形态学操作也可以帮助大家得到二值化输出图像。

这里就以 inRange 为例来说明如何使用 inRange 函数生成特定的二值图像，并使用该二值图像作为掩膜实现特定内容的提取。基于 inRange 实现二值化的代码实现如下：

```
Mat hsv, mask;
cvtColor(image, hsv, COLOR_BGR2HSV);
inRange(hsv, Scalar(20, 43, 46), Scalar(23, 255, 255), mask);
imshow(" 区域掩膜 ", mask);
Mat result;
bitwise_and(image, image, result, mask);
imshow(" 区域提取 ", result);
```

上述代码会提取输入图像的黄色花朵所在的区域。首先，把输入图像从 RGB 色彩空间转换到 HSV 色彩空间。其次，使用 inRange 完成二值化，生成掩膜。最后，根据掩膜提取出黄色花朵所在的区域。基于像素范围的二值化与提取效果如图 6-11 所示。

图 6-11　基于像素范围的二值化与提取效果

注意： inRange 是一个非常好的二值图像生成器，可以基于特定颜色生成掩膜二值图像，实现对特定颜色对象区域的提取。

6.5　小结

本章学习了二值图像的概念，图像阈值化分割方法，全局阈值与自适应阈值的二值图像分割技术，探讨与演示了噪声对图像二值化输出的影响，以及一些常见的生成二值图像的技术。通过本章的学习，希望读者能对图像二值化技术有新的认知与了解，熟练掌握 OpenCV 中二值化的相关函数知识，并能够做到与之前所学的知识结合使用。

第 7 章

二 值 分 析

本章主要介绍图像处理与二值分析的常见技巧和处理流程，希望读者能够在实际应用中灵活使用本章介绍的 OpenCV 相关函数。

本章内容所涉及的细节较多，而且知识点也较为分散，希望读者在接下来的学习中，针对每个知识点的相关函数多编写代码加以练习。这样才能更好地理解其原理与应用。下面正式开始本章的学习吧！

7.1　二值图像分析概述

对比不同方法的二值化输出，我们可以根据观察到的结果，总结出在不同应用场景下的首选方法。常见的二值化方法如下。

- ❏ 基于全局阈值（threshold 函数）得到的二值图像。
- ❏ 基于自适应阈值（adaptiveThreshold 函数）得到的二值图像。
- ❏ 基于边缘检测（Canny 函数）得到的二值图像。
- ❏ 基于像素值范围（inRange 函数）得到的二值图像。

图 7-1 所示的是一个很不好进行二值化的图像，其中既有黑色对象，也有白色对象，无论选择哪种全局阈值方法都会导致一些对象的丢失。

对于这种图像来说，要进行二值化以得到轮廓，就需要读者根据上述 4 种常用的图像二值化方法进行处理，然后选择保留信息最多的那种二值化方法。使用上面的 4 种二值化方法处理得到的 4 种二值图像分别如

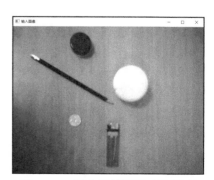

图 7-1　二值化示例原图（见彩插）

图 7-2 所示。

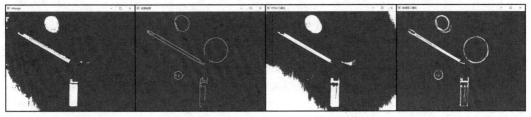

　　a）像素值范围　　　　　　b）边缘检测　　　　　　　c）全局阈值　　　　　　d）自适应阈值

图 7-2　4 种二值化方法对比（见彩插）

　　对比图 7-2 的结果可以看出，使用不同的方法得到的二值图像也会各不相同，其中，边缘检测与自适应阈值的输出基本上获取了对象的轮廓，最大限度保留了对象的信息。而像素值范围与全局阈值这两种方法，由于二值化信息丢失，因此它们都无法得到白色对象的轮廓信息。上述 4 种二值图像获取方法的相关示例代码如下：

```
Mat hsv, mask;
cvtColor(image, hsv, COLOR_BGR2HSV);
inRange(hsv, Scalar(20, 43, 46), Scalar(180, 255, 255), mask);
imshow("inRange", mask);

Mat edges;
int t = 80;
Canny(image, edges, t, t*2, 3, false);
imshow(" 边缘检测 ", edges);

Mat gray, binary;
cvtColor(image, gray, COLOR_BGR2GRAY);
threshold(gray, binary, 0, 255, THRESH_BINARY_INV | THRESH_OTSU);
imshow(" 全局阈值 ", binary);

adaptiveThreshold(gray, binary, 255, ADAPTIVE_THRESH_GAUSSIAN_C, THRESH_BINARY_
    INV, 25, 10);
imshow(" 自适应阈值 ", binary);
```

　　其中，边缘检测与像素值范围能够支持从彩色图像中直接获取二值图像的输出。threshold 方法在手动设置阈值时，如果输入的是三通道的图像，那么返回的就是三通道的图像，如果输入的是单通道的图像，那么返回的就是单通道的图像。自适应阈值只支持单通道图像输入。

　　二值图像分析的各种算法都是基于二值图像完成的，如果输入的二值图像出现内容丢失的情况，后续的分析和处理就都失去了意义，所以需要根据实际情况获取二值图像。此外，在图像二值化之前应该认真考虑噪声对图像的影响。降噪预处理等方式可以有效提升图像二值化的效果。

注意：OpenCV 中的二值分析算法，默认二值图像的背景为黑色（0），前景为白色（255）。

7.2 连通组件标记

CCL（Connected Component Labeling，连通组件标记）算法是图像分析中最常用的算法之一。CCL 算法的实质是扫描一幅图像的每个像素，将位置相邻且值相同的像素点归为相同的组（group），最终得到图像中所有像素的连通组件。

对二值图像来说，CCL 算法就是对图像中的每个前景对象的像素点进行扫描与分类，进而完成对每个前景对象的合并与定位，为后续的分析与测量做好准备。常见的二值图像的连通组件扫描是通过如下两步来完成的。

第一步，首先对二值图像的每个前景像素点进行标记。假设当前的像素点为前景像素 $P(x, y)$，上方相邻的像素点为 $P(x, y-1)$，左侧相邻的像素点为 $P(x-1, y)$，那么标记方法如下。

❑ 当上方相邻的像素点与左侧相邻的像素点均未标记过时，则将当前的像素点标记为 label+1。

❑ 当上方相邻的像素点与左侧相邻的像素点只有一个已标记过时，则将当前的像素点赋予与已标记像素点相同的标签值。

❑ 当上方相邻的像素点与左侧相邻的像素点均已标记过时，则选择二者中的较小值作为当前的像素点的标签值。

上述步骤的整个标记过程如图 7-3 所示。

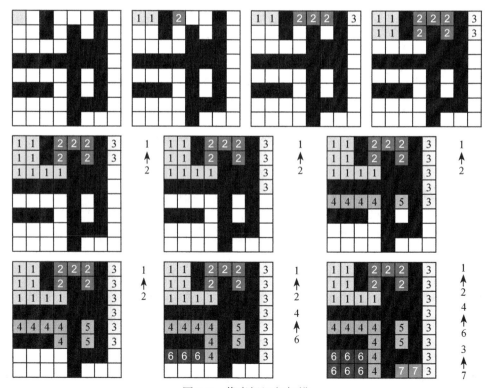

图 7-3 像素标记与扫描

按照上述规则，自第一行左上角从左向右、从上到下扫描图 7-3 中的整个二值图像，并标记出每个图像的前景像素点，完成标记后最终将得到如图 7-4d 所示的二值图像。仔细观察该图像可以发现：图像标记为 1 与 2 的前景对象是同一个连通区域；标记为 3 与 7 的前景对象是同一个连通区域；标记为 4 与 6 的前景对象是同一个连通区域。接下来需要对这些等价的标记进行合并。

第二步，执行等价标签类合并操作，得到最终的连通组件并标记输出，合并部分的图示如图 7-4 所示。

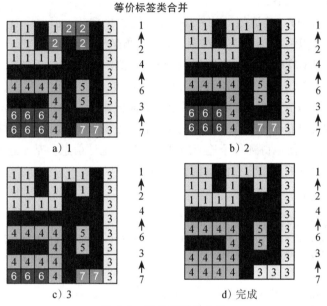

图 7-4 等价标签类合并

OpenCV 中的连通组件扫描算法是在以上两步法的基础上改进的快速版本，实现了快速扫描算法 BBDT（基于块的决策树）。相关的函数有两个：一个是基础版本的连通组件扫描，不包含每个组件的相关统计信息；另一个是带有统计信息的连通组件扫描，在完成连通组件扫描的同时，输出每个扫描组件的统计信息。基础版本的函数定义如下：

```
int cv::connectedComponents(
    InputArray image,        // 输入二值图像，黑色背景
    OutputArray labels,      // 输出的标记，其中背景标记为 0
    int connectivity = 8,    // 连通域，默认是 8 连通域
    int ltype = CV_32S       // 输出的 labels 类型默认是 CV_32S
)
```

在上述代码中，labels 是输出的标签图像，每个像素点都有一个标签值。在正常情况下，标签值大于 0 且相同的像素点属于同一个连通组件。标签的数据类型默认为整数类型（CV_32S）。带有统计信息的函数定义如下：

```
int cv::connectedComponentsWithStats(
```

```
        InputArray image,
        OutputArray labels,
        OutputArray stats,
        OutputArray centroids,
        int connectivity,
        int ltype,
        int ccltype
)
```

在上述代码中，centroids 是每个连通组件的中心坐标，stats 参数表示的是统计信息，这些统计信息包含以下内容：

❏ CC_STAT_LEFT：连通组件的外接矩形左上角坐标的 x 值。

❏ CC_STAT_TOP：连通组件的外接矩形左上角坐标的 y 值。

❏ CC_STAT_WIDTH：连通组件的外接矩形宽度。

❏ CC_STAT_HEIGHT：连通组件的外接矩形高度。

❏ CC_STAT_AREA：像素总和 / 连通组件的面积。

使用这些参数可以获取每个连通组件的中心位置、外接矩形、像素总数（连通组件的面积）等信息，从而很方便地得到每个连通组件的定位与统计信息。基于连通组件扫描函数实现二值图像的连通组件扫描与定位的示例代码如下：

```
Mat gray, binary;
// 二值化
cvtColor(image, gray, COLOR_BGR2GRAY);
threshold(gray, binary, 0, 255, THRESH_BINARY | THRESH_OTSU);
Mat centeroids, labels, stats;

// 连通组件扫描
int nums = connectedComponentsWithStats(binary, labels, stats, centeroids, 8, 4);
cvtColor(binary, binary, COLOR_GRAY2BGR);

// 显示统计信息
for (int i = 1; i < nums; i++) {
    int x = centeroids.at<double>(i, 0);
    int y = centeroids.at<double>(i, 1);
    int left = stats.at<int>(i, CC_STAT_LEFT);
    int top = stats.at<int>(i, CC_STAT_TOP);
    int width = stats.at<int>(i, CC_STAT_WIDTH);
    int height = stats.at<int>(i, CC_STAT_HEIGHT);
    int area = stats.at<int>(i, CC_STAT_AREA);
    Rect box(left, top, width, height);
    rectangle(binary, box, Scalar(0, 255, 0), 2, 8, 0);
    circle(binary, Point(x, y), 2, Scalar(0, 0, 255), 2, 8, 0);
}
imshow("二值图像连通组件扫描与定位", binary);
```

从输出的统计信息中可以得到每个连通组件的外接矩形大小（左上角的坐标与矩形的宽高）和中心位置。然后通过 rectangle 和 circle 函数分别绘制矩形与圆心，得到最终的输出显示，代码的运行结果如图 7-5 所示。

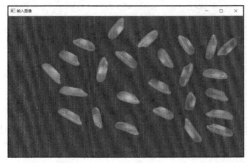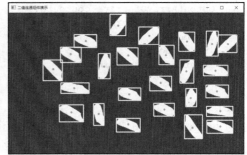

图 7-5 连通组件扫描与定位

注意：连通组件扫描得到的面积是连通组件的像素总数。

7.3 轮廓发现

二值图像的连通组件扫描可以发现并定位每个连通组件的位置，进而统计出像素总数，但是无法给出连通组件之间的层级关系、拓扑结构以及各个连通组件的轮廓信息，想要获取这些信息，还需要应用 OpenCV 中轮廓发现的相关知识。

7.3.1 轮廓发现函数

什么是轮廓发现？轮廓发现是指提取二值图像中每个对象及其所有子对象的边缘，并对边缘线进行关键点编码与构建对象包含关系的过程。

在图 7-6 中，左侧是输入图像，右侧是轮廓发现得到的所有轮廓。轮廓发现可以得到每个组件的轮廓编码点集合，以及每个轮廓的层次信息。

图 7-6 输入图像及其对应轮廓

OpenCV 中轮廓发现函数定义如下：

```
void cv::findContours(
    InputArray image,
```

```
    OutputArrayOfArrays contours,
    OutputArray hierarchy,
    int mode,
    int method,
    Point offset = Point()
)
```

其中：

1) image 是输入图像，而且必须是单通道的；所有值为非 0 的像素都当成前景（255），所有值为 0 的像素都保持不变，因此输入图像会被当成二值图像。

2) contours 表示所有轮廓，每个轮廓都是一个编码点集合（vector）。

3) hierarchy 是所有轮廓的层次信息合集，每个对象的轮廓层次用一个 Vec4i 数据结构表示，如表 7-1 所示。

表 7-1 Vec4i 数据结构

同层下个轮廓索引	同层上个轮廓索引	下层第一个子轮廓索引	上层父轮廓索引
Vec4i[0]	Vec4i[1]	Vec4i[2]	Vec4i[3]

4) mode 表示获取轮廓信息的方式，有如下两种常见方式。

❑ RETR_EXTERNAL：表示只获取最外层的轮廓。

❑ RETR_TREE：表示获取全部的轮廓，并且按照树形结构组织将拓扑信息输出到 hierarchy 参数。

5) method 参数是指每个轮廓点的编码方式，最常用的轮廓点编码方式主要有如下两种。

❑ CHAIN_APPROX_NONE：表示对所有的轮廓点进行编码。

❑ CHAIN_APPROX_SIMPLE：表示过滤水平、垂直、对角线上的点，只保留顶点，用这种方式实现轮廓编码。

下面就来举例说明 CHAIN_APPROX_NONE 与 CHAIN_APPROX_SIMPLE 两种编码方式的区别。假设有一个如图 7-7 所示的二值图像。

图 7-7 轮廓编码方式

❑ CHAIN_APPROX_NONE 的编码方式是把整个矩形的红色边界像素点作为轮廓点。

❑ CHAIN_APPROX_SIMPLE 的编码方式是把矩形轮廓的 4 个绿色顶点作为编码点。

6）offset：表示每个轮廓点是否有相对原图的位置迁移。

7.3.2　轮廓绘制函数

使用轮廓发现函数完成对二值图像的轮廓提取之后，还需要借助 OpenCV 中的轮廓绘制函数绘制这些轮廓。该函数的定义如下：

```
void cv::drawContours(
    InputOutputArray image,
    InputArrayOfArrays contours,
    int contourIdx,
    const Scalar & color,
    int thickness = 1,
    int lineType = LINE_8,
    InputArray hierarchy = noArray(),
    int maxLevel = INT_MAX,
    Point offset = Point()
)
```

参数解释如下。

❑ image 表示将轮廓信息绘制在该图像上。

❑ contours 表示绘制所有的轮廓数据。

❑ contourIdx 表示绘制第几个轮廓，当 contourIdx 的值设为 −1 时，表示绘制所有轮廓。

❑ color 表示绘制轮廓的颜色。

❑ thickness 表示绘制轮廓的线宽，当 thickness=−1 时，表示填充该轮廓。

❑ lineType 表示绘制轮廓时对线段的渲染方式。当前支持 LINE_4、LINE_8、LINE_AA、FILLED 几种渲染方式。

❑ hierarchy 表示可选的层次信息。

❑ maxLevel：当 maxLevel = 0 时，表示只绘制当前的轮廓。当 maxLevel = 1 时，表示绘制当前轮廓与它的嵌套轮廓；当 maxLevel = 2 时，表示绘制当前轮廓与它嵌套轮廓的嵌套轮廓。以此类推，设置 maxLevel 的值。

注意：只有设置了层次信息参数 hierarchy 时，maxLevel 的设置才有效。

7.3.3　轮廓发现与绘制的示例代码

findContours 函数和 drawContours 函数分别用于实现轮廓发现与轮廓绘制，代码实现如下：

```
Mat gray;
cvtColor(image, gray, COLOR_BGR2GRAY);
```

```
std::vector<vector<Point>> contours;
vector<Vec4i> hierarchy;
findContours(gray, contours, hierarchy, RETR_TREE, CHAIN_APPROX_SIMPLE, Point());
Mat result = Mat::zeros(image.size(), image.type());
drawContours(result, contours, -1, Scalar(0, 0, 255), 2, 8);
imshow(" 轮廓发现 ", result);
```

运行结果如图 7-6 所示。

注意，代码中使用的轮廓发现的参数从 RETR_TREE 改为了 RETR_EXTERNAL。

再次运行程序，运行结果如图 7-8 所示。

图 7-8　修改 mode 参数之后的运行结果

相比图 7-6，当使用 RETR_EXTERNAL 完成轮廓发现时，只会获得对象最外层的轮廓，既不会获得整个轮廓的结构树，也不会绘制出内层的嵌套轮廓。

7.4　轮廓测量

轮廓测量是指对二值图像的每个轮廓的弧长和面积进行测量，根据轮廓的面积和弧长对大小不同的对象实现查找、过滤与处理的操作，以寻找到感兴趣的 RoI（Region of Interest）区域，这是图像二值分析的核心任务之一。下面就是轮廓测量中计算面积、弧长 / 周长、轮廓外接矩形等相关函数支持的介绍与说明。

（1）计算面积

OpenCV 中计算轮廓点集面积的函数定义如下：

```
double cv::contourArea(
    InputArray contour,
    bool oriented = false
)
```

其中，参数 contour 表示输入的轮廓点集；参数 oriented 的默认值为 false，表示返回的面积，且为正数。如果方向参数为 true，则表示会根据轮廓编码点的顺时针或者逆时针方向返回正值或者负值的面积。

（2）计算弧长 / 周长

OpenCV 中计算一段弧长或者闭合轮廓周长的函数定义如下：

```
double cv::arcLength(
    InputArray curve,
    bool closed
)
```

其中，参数 curve 表示输入的轮廓点集；参数 closed 表示是否为闭合区域。

（3）计算轮廓外接矩形

与连通组件扫描相似，轮廓发现的每个对象的轮廓都可以计算并生成一个外接矩形。OpenCV 根据一个点集生成外接矩形的函数定义如下：

```
Rect cv::boundingRect(
    InputArray array
)
```

其中，参数 array 表示输入点集。

（4）示例代码

下面以图 7-5 中左侧图像作为输入图像，通过 contourArea 与 arcLength 两个函数测量其中每个对象的周长和面积。代码实现如下：

```
// 二值化
Mat gray, binary;
cvtColor(image, gray, COLOR_BGR2GRAY);
double t = threshold(gray, binary, 0, 255, THRESH_BINARY | THRESH_OTSU);

// 轮廓发现
std::vector<vector<Point>> contours;
vector<Vec4i> hierarchy;
findContours(binary, contours, hierarchy, RETR_EXTERNAL, CHAIN_APPROX_SIMPLE,
    Point());
Mat result = Mat::zeros(image.size(), image.type());
drawContours(result, contours, -1, Scalar(0, 0, 255), 2, 8);

// 轮廓测量
for (size_t t = 0; t < contours.size(); t++) {
    Rect box = boundingRect(contours[t]);
    double area = contourArea(contours[t]);
    double arc = arcLength(contours[t], true);
    putText(result, format("area:%.2f", area), box.tl(), FONT_HERSHEY_PLAIN, 1.0,
        Scalar(0, 255, 0), 1, 8);
    putText(result, format("arc:%.2f", arc), Point(box.x, box.y+14), FONT_
        HERSHEY_PLAIN, 1.0, Scalar(0, 255, 0), 1, 8);
}
imshow("轮廓测量", result);
```

上述代码的执行过程如下：

1）对输入图像进行二值化。

2）完成轮廓发现，并绘制每个对象的轮廓。

3）对每个对象的轮廓循环测量它的面积与周长。

在测量每个对象轮廓的位置时，通过 boundingRect 函数即可获得外接矩形，用 box.tl() 直接获取矩形的左上角点的坐标，并以该坐标作为输出文本的显示位置，然后通过 putText 函数把结果绘制到图像上，最后显示输出结果。运行结果如图 7-9 所示。

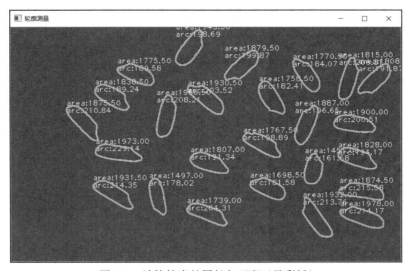

图 7-9　计算轮廓的周长与面积（见彩插）

注意：这里计算轮廓的面积与周长时，采用的是用格林积分公式求积分的方式，而不是直接计算像素总数。

7.5　拟合与逼近

对于轮廓发现所得到的每个对象轮廓，除了测量它的面积与周长之外，有一些应用场景还要求对找到的轮廓点进行拟合，生成拟合的圆、椭圆或者直线。而另外一些应用场景则要求尽可能逼近真实形状或者轮廓的大致形状，以便获得轮廓的几何信息。OpenCV 提供了相关的函数与方法来实现对轮廓的拟合和逼近。下面就是相关函数的详细解释与示例代码。

1. 拟合椭圆

拟合椭圆的函数定义如下：

```
RotatedRect cv::fitEllipse(
    InputArray points
)
```

其中，参数 points 是输入的轮廓点，RotatedRect 的输出包含如下信息：拟合之后椭圆的中心位置、椭圆的长轴与短轴的直径、椭圆倾斜角度。

然后，我们就可以根据得到的拟合信息绘制椭圆。当椭圆的长轴和短轴大小相等的时候，它就是圆。

2. 拟合直线

拟合直线的算法有很多，最常见的就是最小二乘法。对多约束线性方程来说，最小二乘法可以通过拟合直线方程的两个参数实现直线拟合。OpenCV 中的直线拟合函数正是基于权重最小二乘法实现的。该函数定义如下：

```
void cv::fitLine(
    InputArray points,
    OutputArray line,
    int distType,
    double param,
    double reps,
    double aeps
)
```

参数解释如下。

❑ points 表示待拟合的输入点集合。

❑ line 在二维拟合时，输出的是 Vec4f 类型的数据；line 在三维拟合时，输出的是 Vec6f 类型的数据。

❑ distType 表示拟合时使用的距离计算公式。OpenCV 支持如下 6 种距离计算设置：DIST_L1 = 1、DIST_L2 = 2、DIST_L12 = 4、DIST_FAIR = 5、DIST_WELSCH = 6、DIST_HUBER = 7。

❑ param 表示对模型进行拟合距离计算的公式是否需要用到该参数。当 distType 参数设置为 5、6、7 时表示需要用到该参数，否则该参数不参与拟合距离计算。

❑ reps 与 aeps 是指对拟合结果的精度要求。

3. 轮廓逼近

OpenCV 中的几何形状拟合有时并不能顺利地得到轮廓的几何形状信息，而需要通过轮廓逼近才能实现。轮廓逼近是对轮廓真实形状的编码，根据编码点的数目可以大致判断出轮廓的几何形状。OpenCV 轮廓逼近函数定义如下：

```
void cv::approxPolyDP(
    InputArray curve,
    OutputArray approxCurve,
    double epsilon,
    bool closed
)
```

参数解释如下。

❑ curve 表示轮廓曲线。

❑ approxCurve 表示轮廓逼近输出的顶点数目。

❑ epsilon 表示轮廓逼近的顶点距离真实轮廓曲线的最大距离，该值越小表示越逼近真实轮廓。

❑ closed 表示是否为闭合区域。

4. 轮廓拟合与逼近的应用演示

如果使用图 7-1 作为输入图像，则需要进行以下处理。

首先，对图像进行二值化处理，得到二值图像。其次，基于二值图像完成轮廓发现。最后，对每个轮廓完成椭圆拟合。代码实现如下：

```cpp
// 二值化
Mat edges;
int t = 80;
Canny(image, edges, t, t * 2, 3, false);

Mat k = getStructuringElement(MORPH_RECT, Size(3, 3), Point(-1, -1));
dilate(edges, edges, k);

// 轮廓发现
std::vector<vector<Point>> contours;
vector<Vec4i> hierarchy;
findContours(edges, contours, hierarchy, RETR_EXTERNAL, CHAIN_APPROX_SIMPLE,
    Point());

// 轮廓拟合
for (size_t t = 0; t < contours.size(); t++) {
    if (contours[t].size() < 5) {
        continue;
    }
    RotatedRect rrt = fitEllipse(contours[t]);
    Point cp = rrt.center;
    float a = rrt.size.width;
    float b = rrt.size.height;
    std::cout << "a: " << a << "b: " << b << std::endl;
    ellipse(image, rrt, Scalar(0, 0, 255), 2, 8);
}
imshow("轮廓拟合 - 椭圆", image);
```

上面的代码采用了边缘提取信息构建二值图像，再用最大值滤波 dilate 把边缘更好地连接起来。做完这些处理之后，对二值图像进行轮廓发现并对每个轮廓进行椭圆拟合，最后使用 ellipse 函数完成绘制。

注意： 在使用 fitEllipse 函数进行椭圆拟合时，最少需要 5 个轮廓编码点。如果得到的轮廓编码点少于 5 个，程序就会出现错误。所以在代码实现中，首先需要对每个轮廓的编码点数目进行条件判断，只有大于或等于 5 个编码点的轮廓才可以继续执行后续的代码。

最终代码运行结果如图 7-10 所示。

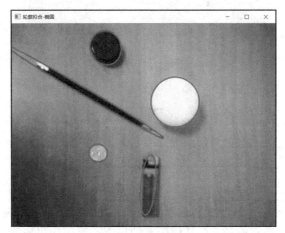

图 7-10　轮廓拟合

下面对每个对象轮廓改用直线拟合。代码实现如下：

```
// 直线拟合
Vec4f oneline;
fitLine(contours[t], oneline, DIST_L1, 0, 0.01, 0.01);
float vx = oneline[0];
float vy = oneline[1];
float x0 = oneline[2];
float y0 = oneline[3];

// 直线参数斜率 k 与截距 b
float k = vy / vx;
float b = y0 - k*x0;
// 寻找轮廓极值点
int minx = 0, miny = 10000;
int maxx = 0, maxy = 0;
for (int i = 0; i < contours[t].size(); i++) {
    Point pt = contours[t][i];
    if (miny > pt.y) {
        miny = pt.y;
    }
    if (maxy < pt.y) {
        maxy = pt.y;
    }
}
maxx = (maxy - b) / k;
minx = (miny - b) / k;
line(image, Point(maxx, maxy), Point(minx, miny), Scalar(0, 0, 255), 2, 8, 0);
```

根据直线拟合的结果得到直线的斜率与截距，然后计算出每个对象轮廓的最大点与最小点的 Y 轴坐标值。根据 Y 轴坐标值，使用直线参数方程得到拟合之后的两个点坐标，绘制直线。代码运行结果如图 7-11 所示。

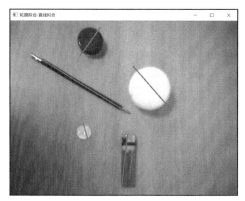

图 7-11 直线拟合

此外还可以通过对轮廓的近似逼近来获取轮廓的几何信息，根据逼近之后的顶点信息来判断其几何形状，从而实现对简单几何图案的识别。示例代码如下：

```
Mat gray, binary;
cvtColor(image, gray, COLOR_BGR2GRAY);
double t = threshold(gray, binary, 0, 255, THRESH_BINARY | THRESH_OTSU);
std::vector<vector<Point>> contours;
vector<Vec4i> hierarchy;
findContours(binary, contours, hierarchy, RETR_EXTERNAL, CHAIN_APPROX_SIMPLE,
    Point());
for (size_t t = 0; t < contours.size(); t++) {
    std::vector<Point> pts;
    approxPolyDP(contours[t], pts, 10, true);
    for (int i = 0; i < pts.size(); i++) {
        circle(image, pts[i], 3, Scalar(0, 0, 255), 2, 8, 0);
    }
}
imshow("轮廓逼近", image);
```

上面的代码首先把输入图像转换为灰度图像，然后使用全局阈值方式进行二值化完成轮廓发现，再对每个轮廓循环调用 approxPolyDP 函数完成轮廓逼近。为了更好地获得逼近几何形状的顶点信息，推荐将 epsilon 值设置在 10 ～ 100 之间（我的个人经验）。得到顶点信息之后，使用 circle 函数完成对每个顶点的绘制。代码运行结果如图 7-12 所示。

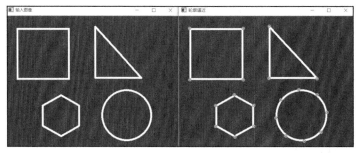

图 7-12 轮廓逼近

在图 7-12 中，左侧是输入图像，右侧是轮廓逼近的结果，对三角形、四边形、六边形的逼近分别得到 3、4、6 个顶点坐标，对圆的逼近得到的顶点坐标则更多一些。

7.6 轮廓分析

可根据轮廓发现所得到的每个对象轮廓的最大外接矩形或最小外接矩形计算其横纵比，以及周长与面积大小。根据实际图像分析的需要进行过滤，得到符合过滤条件大小的轮廓对象，最后对这些轮廓对象进行更进一步的细化分析。下面就来了解一下与轮廓分析相关的函数。

（1）横纵比

轮廓分析需要计算轮廓外接矩形的横纵比（宽度／高度），外接矩形包括最大外接矩形与最小外接矩形。函数 boundingRect 的作用是计算轮廓的最大外接矩形。计算轮廓最小外接矩形的函数定义如下：

```
RotatedRect cv::minAreaRect(
    InputArray points
)
```

参数 points 表示点集，得到的输出是最小外接矩形。

（2）延展度

延展度是指轮廓面积（Contour Area）与最大外接矩形（Bounding Rect）的比值。

（3）实密度

实密度是指轮廓面积与凸包面积的比值。

（4）对象像素均值

在进行轮廓绘制时，将 thickness 的值设置为 −1 就能完成轮廓填充，并生成轮廓对象所对应的掩膜，然后用 mean 函数实现对掩膜区域的均值求解，最终得到每个对象的轮廓所占区域的像素均值。

下面的示例代码使用了轮廓测量与分析的相关函数，完成了对每个对象轮廓的分析，得到了每个对象轮廓的属性输出，使用的输入图像如图 7-1 所示。由于轮廓发现的代码与之前的相同，因此这里不再给出，完整的源代码可从书中给出的下载地址获取。轮廓分析部分的代码实现如下：

```
Mat mask = Mat::zeros(image.size(), CV_8UC1);
for (size_t t = 0; t < contours.size(); t++) {
    Rect box = boundingRect(contours[t]);
    RotatedRect rrt = minAreaRect(contours[t]);
    std::vector<Point> hulls;
    convexHull(contours[t], hulls);
    double hull_area = contourArea(hulls);
    double box_area = box.width*box.height;
    double area = contourArea(contours[t]);
    // 计算横纵比
```

```
        double aspect_ratio = saturate_cast<double>(rrt.size.width) / saturate_
            cast<double>(rrt.size.height);
        // 计算延展度
        double extent = area / box_area;
        // 计算实密度
        double solidity = area / hull_area;
        // 生成掩膜与计算像素均值
        mask.setTo(Scalar(0));
        drawContours(mask, contours, t, Scalar(255), -1);
        Scalar bgra = mean(image, mask);
        putText(image, format("extent:%.2f", extent), box.tl(), FONT_HERSHEY_PLAIN,
            1.0, Scalar(0, 0, 255), 1, 8);
        putText(image, format("solidity:%.2f", solidity), Point(box.x, box.y + 14),
            FONT_HERSHEY_PLAIN, 1.0, Scalar(0, 0, 255), 1, 8);
        putText(image, format("aspect_ratio:%.2f", aspect_ratio), Point(box.x, box.y
            + 28), FONT_HERSHEY_PLAIN, 1.0, Scalar(0, 0, 255), 1, 8);
        putText(image, format("mean:(%d,%d,%d)", (int)bgra[0], (int)bgra[1], (int)
            bgra[2]), Point(box.x, box.y + 42), FONT_HERSHEY_PLAIN, 1.0, Scalar(0, 0,
            255), 1, 8);
    }
    imshow(" 轮廓分析 ", image);
```

在计算横纵比时，这里采用了最小外接矩形来计算每个对象的横纵比，因为它更加真实，也符合每个轮廓的实际形状。代码运行结果如图 7-13 所示。

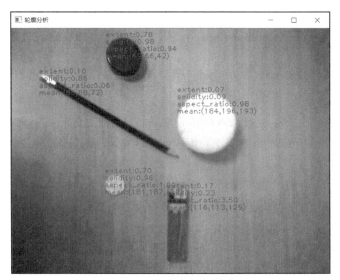

图 7-13　轮廓分析与计算

观察图 7-13 中的数据可以发现如下现象。

❑ 两个白色对象的均值最大。

❑ 两个黑色对象的均值最小。

❑ 3 个圆形对象的横纵比都接近 1。

❑ 最大的白色对象因为轮廓无法闭合，延展度和实密度都很低。

❑ 黑色细笔的横纵比和延展度都很低。

上述获得的这些轮廓的属性值，可用于对轮廓进行更好的归类与分组。

7.7 直线检测

在二值图像分析中，直线检测和轮廓发现是经常遇到的处理要求。OpenCV 中的直线检测算法是基于霍夫变换完成的，霍夫直线检测的基本原理是：在霍夫空间为图像上的每个点 $p(x_0, y_0)$ 生成一条对应的曲线。如果多个像素点生成的霍夫空间曲线相交于一点，则说明这些像素点同属于一条直线，这样就可以根据霍夫空间的该点参数坐标得到直线的参数方程，从而完成对图像的直线检测。

OpenCV 霍夫直线检测有两个相关的霍夫函数：一个称为标准霍夫直线检测；另一个称为概率霍夫直线检测。相关函数与参数解释如下。

1. 标准霍夫直线检测

```
void cv::HoughLines(
    InputArray image,          // 输入参数
    OutputArray lines,         // 输出结果 vector<Vec2f>, vector<Vec3f>
    double rho,                // 距离步长 d=1, 指该直线到原点的距离, 对于屏幕坐标, 原点是左
                               //          上角的点
    double theta,              // 角度步长 1°
    int threshold,             // 阈值, 指累加数目
    double srn = 0,            // 多尺度检测需要, 默认值为 0
    double stn = 0,            // 多尺度检测需要, 默认值为 0
    double min_theta = 0,      // 直线旋转角度
    double max_theta = CV_PI   // 直线旋转角度
)
```

如果 OutputArray 是 Vec2f，输出的结果就是 (r, theta)；如果 OutputArray 是 Vec3f，输出的结果就是 (r, theta, votes)。当 r（原点到直线的距离）值大于 0 时，表示直线在 X 轴下方有垂直距离；theta 表示角度，roters 表示极坐标空间到 (r, theta) 点的累加和。当 r 值小于 0 时，表示直线在 X 轴上方有垂直距离。

2. 概率霍夫直线检测

与标准霍夫直线检测不同，概率霍夫直线检测主要查找图像中的线段，输出线段坐标，其函数定义如下：

```
void cv::HoughLinesP(
    InputArray image,
    OutputArray lines,
    double rho,
    double theta,
    int threshold,
    double minLineLength = 0,
```

```
    double maxLineGap = 0
)
```

参数解释如下。

❑ image 是输入图像。

❑ lines 是输出线段的两个点的坐标。

❑ rho 表示参数 r 的像素分辨率，通常设置为 1。

❑ theta 表示角度分辨率，一般设置为 theta= $\pi/180°$ ，即 $1°$ 。

❑ threshold 表示霍夫空间累加值，返回的参数必须是大于累加阈值的。

❑ minLineLength 表示拥有最少像素数的直线，小于该值的将被舍弃。

❑ maxLineGap 表示同一条线允许的最大断开距离。

3. 霍夫直线检测的示例代码

霍夫直线检测的示例代码实现了标准霍夫变换与概率霍夫变换两个函数调用。对于输入的同一张图像，首先对图像完成边缘检测，然后对边缘完成直线检测。代码实现如下：

```cpp
Mat edges;
Canny(image, edges, 50, 200, 3);
vector<Vec2f> lines;
HoughLines(edges, lines, 1, CV_PI / 180, 150, 0, 0);
Mat result1, result2;
cvtColor(edges, result1, COLOR_GRAY2BGR);
result2 = result1.clone();
for (size_t i = 0; i < lines.size(); i++)
{
    float rho = lines[i][0], theta = lines[i][1];
    Point pt1, pt2;
    double a = cos(theta), b = sin(theta);
    double x0 = a*rho, y0 = b*rho;
    pt1.x = cvRound(x0 + 1000 * (-b));
    pt1.y = cvRound(y0 + 1000 * (a));
    pt2.x = cvRound(x0 - 1000 * (-b));
    pt2.y = cvRound(y0 - 1000 * (a));
    line(result1, pt1, pt2, Scalar(0, 0, 255), 3, LINE_AA);
}
imshow("标准霍夫直线检测", result1);

// 概率霍夫直线检测
vector<Vec4i> linesP;
HoughLinesP(edges, linesP, 1, CV_PI / 180, 50, 50, 10);
for (size_t t = 0; t < linesP.size(); t++) {
    Point p1 = Point(linesP[t][0], linesP[t][1]);
    Point p2 = Point(linesP[t][2], linesP[t][3]);
    line(result2, p1, p2, Scalar(0, 0, 255), 2, 8, 0);
}
imshow("概率霍夫直线检测", result2);
```

运行结果如图 7-14 所示。

在图 7-14 中，左侧是标准霍夫直线检测的结果，右侧是概率霍夫直线检测的结果。标准霍夫直线检测得到的是直线的原始参数方程，需要转换之后才可以绘制直线。概率霍夫直线检测得到的是每个线段的两个端点坐标，可以直接绘制线段。在实际应用场景中，应该首先通过轮廓分析、边缘检测得到输出结果，然后优先使用概率霍夫直线检测实现直线 / 线段检测。

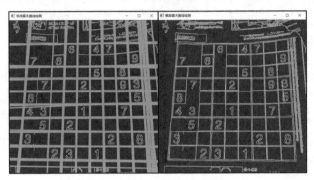

图 7-14　霍夫直线检测

7.8　霍夫圆检测

霍夫圆检测与霍夫直线检测的原理相同，首先需要基于参数方程在霍夫空间对圆上的各个点进行绘制，多个点的参数方程曲线相交于一点，该点的参数即平面坐标上的圆心与半径值。图像如图 7-15 所示。

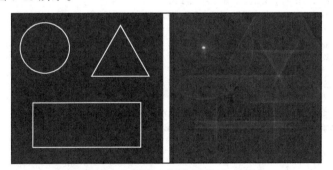

图 7-15　霍夫空间中圆的显示图

在图 7-15 中，左侧是输入的原图，右侧是各几何图形在霍夫空间的显示。霍夫空间的最亮点换算后对应的是圆参数方程中的圆心与半径值。

1. 霍夫圆检测函数

OpenCV 中的霍夫圆检测不基于边缘 / 二值图像，而基于单通道的灰度图像计算得到梯度图像作为输入。这样做的好处是可以更好地筛选出候选的霍夫圆检测区域，从而减少不必要的计算，提升整个霍夫圆检测的效率。函数定义如下：

```
void cv::HoughCircles(
```

```
        InputArray image,      // 输入图像，八位单通道灰度图像
        OutputArray circles,   // 输出圆心与半径
        int method,            // 方法，当前只支持基于梯度的方法
        double dp,             // 关键参数，累加分辨率
        double minDist,        // 两个圆之间的最小距离
        double param1 = 100,   // 边缘检测中的高梯度阈值
        double param2 = 100,   // 边缘检测中的低梯度阈值
        int minRadius = 0,     // 最小圆半径
        int maxRadius = 0      // 最大圆半径
)
```

minDist 参数会影响霍夫圆检测的结果：当参数 minDist 的取值过小时可能导致最终检测出多个重叠圆；当 minDist 取值过大时可能导致漏检测一些圆。最大圆半径与最小圆半径的默认值为 0 时，表示检测圆的范围是从零到图像的最大宽和高，这不仅会导致霍夫圆检测函数过度计算，还会降低该函数的运行速度，所以建议根据实际项目需求，将最小圆半径与最大圆半径的值设置为合适取值范围内的非零值。

2. 霍夫圆检测案例演示

使用霍夫圆检测函数实现圆形对象计数是霍夫圆最常见的用法之一。首先把输入图像转换为灰度图像，然后使用高斯模糊或者双边模糊对图像进行噪声抑制。对得到的灰度图像调用霍夫圆检测函数，选择适当的参数完成霍夫圆发现，对每个圆进行循环绘制，最终完成显示输出，代码中的圆心是蓝色的，使用了红色标记显示发现的圆。代码实现如下：

```
Mat gray;
cvtColor(image, gray, COLOR_BGR2GRAY);
GaussianBlur(gray, gray, Size(5, 5), 0, 0);
std::vector<Vec3f> circles;
HoughCircles(gray, circles, HOUGH_GRADIENT, 2, 15, 200, 100, 25, 60);
for (size_t t = 0; t < circles.size(); t++) {
    Vec3f c = circles[t];
    Point center = Point(c[0], c[1]);
    int radius = c[2];
    circle(image, center, radius, Scalar(0, 0, 255), 2, 8, 0);
    circle(image, center, 3, Scalar(255, 0, 0), 3, 8, 0);
}
imshow(" 霍夫圆检测 ", image);
```

代码运行结果如图 7-16 所示。

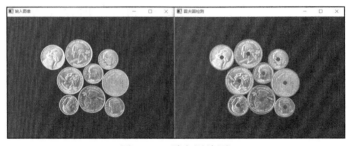

图 7-16　霍夫圆检测

7.9　最大内接圆与最小外接圆

对于从二值图像得到的轮廓，有一类需求是找到该轮廓的最大内接圆与最小外接圆。OpenCV 支持寻找最小外接圆，minEnclosingCircle 函数可以返回最小外接圆的半径。OpenCV 未提供 API 函数来寻找最大内接圆，但是通过点多边形测试函数可以巧妙地获取轮廓最大内接圆的半径，从而寻找到最大内接圆。下面就来看看最小外接圆与点多边形测试这两个函数。

（1）最小外接圆函数

```
void cv::minEnclosingCircle(
    InputArray points, // 输入的轮廓点集合
    Point2f & center,  // 圆中心位置
    float & radius     // 圆半径
)
```

该函数会返回得到的最小外接圆的圆心与半径。

（2）点多边形测试函数

点多边形测试是指获取一个点到轮廓的直线距离：当该点在轮廓内时距离为正；当该点在轮廓上时距离为零；当该点在轮廓外时距离为负数。当 measureDist 设置为 true 时，返回的是该点到轮廓的真实距离。当 measureDist 设置为 false 时，返回的是 +1、0、−1。当点在轮廓内时，measureDist 返回的距离最大值就是轮廓的最大内接圆的半径，这样就巧妙地获得了圆心的位置与半径。剩下的工作就很容易完成了，就是绘制一个圆而已，一行代码就可以实现。

```
double cv::pointPolygonTest(
    InputArray contour, // 输入轮廓点集
    Point2f pt,         // 当前点
    bool measureDist    // 是否测量距离
)
```

（3）寻找轮廓的最小外接圆与最大内接圆

下面的示例代码演示了如何寻找轮廓的最小外接圆与最大内接圆，并完成了两个圆的绘制。

```
Mat gray;
cvtColor(image, gray, COLOR_BGR2GRAY);
std::vector<vector<Point>> contours;
vector<Vec4i> hierarchy;
findContours(gray, contours, hierarchy, RETR_EXTERNAL, CHAIN_APPROX_SIMPLE,
    Point());
for (size_t t = 0; t < contours.size(); t++) {
    // 最小外接圆
    Point2f pt;
    float radius;
    minEnclosingCircle(contours[t], pt, radius);
```

```
    circle(image, pt, radius, Scalar(255, 0, 0), 2, 8, 0);

    // 点多边形测试
    Mat raw_dist(image.size(), CV_32F);
    for (int i = 0; i < image.rows; i++)
    {
        for (int j = 0; j < image.cols; j++)
        {
            raw_dist.at<float>(i, j) = (float)pointPolygonTest(contours[t], Point2f
                ((float)j, (float)i), true);
        }
    }

    // 获取最大内接圆的半径
    double minVal, maxVal;
    Point maxDistPt; // 内接圆的圆心
    minMaxLoc(raw_dist, &minVal, &maxVal, NULL, &maxDistPt);
    minVal = abs(minVal);
    maxVal = abs(maxVal);
    circle(image, maxDistPt, maxVal, Scalar(0, 0, 255), 2, 8, 0);
}
imshow("最小外接圆与最大内接圆演示", image);
```

上面的代码实现了最小外接圆与最大内接圆的寻找方法，代码运行结果如图 7-17 所示。

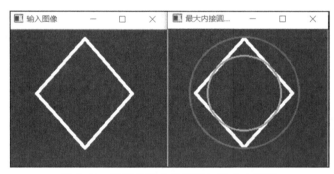

图 7-17 轮廓的最小外接圆与最大内接圆

7.10 轮廓匹配

二值图像轮廓发现可以得到每个圆形的轮廓，然后计算轮廓几何矩，再根据几何矩计算图像的中心位置。根据中心位置计算中心矩，然后根据中心矩计算中心归一化矩。再根据归一化矩计算胡矩，最后比较轮廓胡距之间的相似性，从而实现轮廓匹配。

1. 轮廓匹配函数

几何矩、中心矩、中心归一化矩在 OpenCV 中可通过 moments 函数一次性计算出来，函数定义如下：

```
Moments cv::moments(
    InputArray array,        // 输入的轮廓点集
    bool binaryImage = false // 是否为二值图像
)
```

通过计算得到轮廓相关的几何矩与中心矩信息后，根据该函数输出的 Moments 值可以计算得到胡矩，相关函数定义如下：

```
void cv::HuMoments(
const Moments & moments, // 输入的图像矩
double   hu[7]           // 胡矩的 7 个值
)
```

然后将胡矩作为输入，对轮廓进行匹配。因为胡矩具有缩放不变性与旋转不变性，所以进行轮廓外形匹配时，可以匹配到旋转与分辨率不一样的同一个轮廓。轮廓匹配的函数定义如下：

```
double cv::matchShapes(
    InputArray contour1, // 轮廓 1
    InputArray contour2, // 轮廓 2
    int method,          // 比较方法
    double parameter      // OpenCV3.x 以后不需要这一行代码了
)
```

在上述代码中，method 参数表示比较两个轮廓数据相似度的方法，最常见的有 CONTOURS_MATCH_I1、CONTOURS_MATCH_I2、CONTOURS_MATCH_I3。

2. 轮廓匹配示例

通过输入图像的轮廓计算胡矩，然后在目标图像上查找每个轮廓，并计算相似度。如果相似度低于指定的阈值 T，则认为已经发现了输入图像的轮廓匹配对象。示例代码如下：

```
Mat src = imread("D:/images/abc.png");
imshow("input", src);
Mat src2 = imread("D:/images/a5.png");
namedWindow("input2", WINDOW_FREERATIO);
imshow("input2", src2);

// 轮廓提取
vector<vector<Point>> contours1;
vector<vector<Point>> contours2;
contours_info(src, contours1);
contours_info(src2, contours2);
// 胡矩计算
Moments mm2 = moments(contours2[0]);
Mat hu2;
HuMoments(mm2, hu2);
// 轮廓匹配
for (size_t t = 0; t < contours1.size(); t++) {
    Moments mm = moments(contours1[t]);
    Mat hum;
    HuMoments(mm, hum);
    double dist = matchShapes(hum, hu2, CONTOURS_MATCH_I1, 0);
```

```
        printf("contour match distance : %.2f\n", dist);
        if (dist < 1) {
            printf("draw it \n");
            Rect box = boundingRect(contours1[t]);
            rectangle(src, box, Scalar(0, 0, 255), 2, 8, 0);
        }
    }
    imshow("match result", src);
```

在上述代码中，a5.png 是输入图像，即待查找对象；abc.png 是目标图像，且有多个对象轮廓；contours_info 方法实现了轮廓发现功能，对目标图像的每个对象轮廓循环进行相似度比较。这里采用 CONTOURS_MATCH_I1 的比较方法，轮廓匹配的阈值为 1.0，小于 1.0 则认为已经找到了匹配的轮廓。

代码运行结果如图 7-18 所示。

图 7-18 轮廓匹配运行结果

图 7-18 中倒过来的大写字母 A 是输入轮廓，在 ABC 的目标轮廓中进行查找，发现 A 轮廓与之相匹配，用外接矩形表示 A 轮廓已经成功匹配。

7.11 最大轮廓与关键点编码

本节是一个关于二值图像分析的简单应用，内容涉及如何提取最大轮廓，以及如何绘制最大轮廓的关键编码点等。下面以图 7-19 所示的星云图像为例进行讲解。

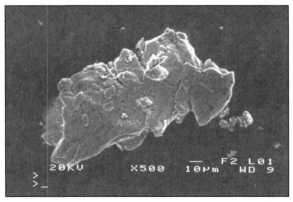

图 7-19 星云图像

　　图 7-19 是借助天文望远镜拍摄的一张星云图像，需要测算最大的星云面积，并对轮廓外形关键点进行编码，提取星云的最大轮廓。

　　综合前面所学习的知识，第一步是对图像进行二值化处理。

　　第二步是基于二值图像实现轮廓发现，分析每个轮廓并根据面积找到最大轮廓，对最大轮廓使用轮廓逼近，从而得到轮廓编码点，最后绘制编码点信息并显示。示例代码如下：

```
// 对图像进行二值化
Mat mask;
inRange(image, Scalar(0, 0, 0), Scalar(110, 110, 110), mask);
bitwise_not(mask, mask);

// 轮廓发现
vector<vector<Point>> contours;
vector<Vec4i> hierarchy;
findContours(mask, contours, hierarchy, RETR_EXTERNAL, CHAIN_APPROX_SIMPLE);
int height = image.rows;
int width = image.cols;
int index = -1;
int max = 0;

// 寻找最大轮廓
for (size_t t = 0; t < contours.size(); t++) {
    double area = contourArea(contours[t]);
    if (area > max) {
        max = area;
        index = t;
    }
}
Mat result = Mat::zeros(image.size(), image.type());
Mat pts;
drawContours(result, contours, index, Scalar(0, 0, 255), 1, 8);

// 关键点编码提取与绘制
approxPolyDP(contours[index], pts, 4, true);
for (int i = 0; i < pts.rows; i++) {
    Vec2i pt = pts.at<Vec2i>(i, 0);
    circle(result, Point(pt[0], pt[1]), 2, Scalar(0, 255, 0), 2, 8, 0);
    circle(result, Point(pt[0], pt[1]), 2, Scalar(0, 255, 0), 2, 8, 0);
}
imshow("result", result);
```

　　在上述代码中，inRange 的低值为 (0, 0, 0)，高值为 (110, 110, 110)，得到的是星云背景图，需要取反之后才能得到星云的二值图像，然后对二值图像进行最大轮廓发现与轮廓编码。代码运行结果如图 7-20 所示。

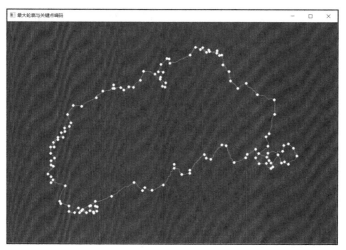

图 7-20　最大轮廓与关键点编码

7.12　凸包检测

对二值图像进行轮廓分析之后，可以获取每个对象的轮廓数据，构建每个对象的轮廓凸包，之后会返回该凸包包含的点集，这在轮廓分析中也十分有用。OpenCV 对轮廓提取凸包的 API 函数如下：

```
void cv::convexHull(
    InputArray points,          // 输入图像
    OutputArray hull,           // 输出的凸包点
    bool clockwise = false,     // 顺时针或者逆时针方向
    bool returnPoints = true    // 是否返回点集，默认值为 true
)
```

该函数是基于 Graham 扫描凸包寻找算法实现的。有时候不需要寻找轮廓的凸包，而是要先判断轮廓是否为凸包，OpenCV 提供了一个相关函数用于判断轮廓是否为凸包。函数定义如下：

```
bool cv::isContourConvex(
    InputArray contour
)
```

该方法只有一个输入参数——轮廓点集，返回布尔值。

对轮廓实现凸包判断与凸包扫描，返回顶点信息并绘制各个点，示例代码如下：

```
vector<vector<Point>> contours;
contours_info(image, contours);
for (size_t t = 0; t < contours.size(); t++) {
    vector<Point> hull;
    convexHull(contours[t], hull);
```

```
    bool isHull = isContourConvex(contours[t]);
    printf("test convex of the contours %s \n", isHull ? "Y" : "N");
    int len = hull.size();
    for (int i = 0; i < hull.size(); i++) {
        circle(image, hull[i], 4, Scalar(255, 0, 0), 2, 8, 0);
        line(image, hull[i%len], hull[(i + 1) % len], Scalar(0, 0, 255), 2, 8,
            0);
    }
}
imshow(" 凸包检测 ", image);
```

在上述代码中，contours_info 是获取轮廓函数，hull 是凸包顶点的坐标。代码运行结果如图 7-21 所示。

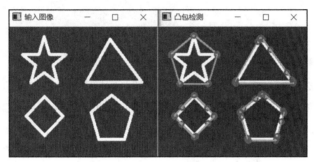

图 7-21　凸包检测

7.13　小结

本章详细介绍了二值图像分析的各种相关知识，涵盖了二值图像连通组件扫描、基于轮廓发现的二值图像结构分析、面积测量、各种轮廓拟合与分析方法，以及对直线、圆、三角形、矩形等常见几何形状的分类方法。本章介绍了轮廓的点多边形测试与关键点编码的提取绘制、轮廓的匹配与凸包分析、轮廓属性的计算等，系统讲解了二值图像分析的常见方法。

本章详细解释了二值分析用到的相关重要函数的参数意义，并有针对性地给出了示例代码。这里需要特别强调一下，本章所学的知识不是孤立存在的，在应用时需要考虑各个相关函数之间的衔接与融会贯通。

第 8 章

形态学分析

图像形态学从 20 世纪 80 年代开始单独成为图像处理的一门分支学科，最早主要支持二值图像的处理，现在形态学处理也支持灰度图像与彩色图像的处理。OpenCV 中常见的形态学操作主要包括腐蚀、膨胀、开闭操作、形态学梯度、黑帽与顶帽、击中 / 击不中等。相比卷积操作，形态学操作计算量小、速度快。如果可以在图像预处理中使用形态学操作解决问题，应该优先使用它。

下面就来学习 OpenCV 中形态学操作的相关知识与编程案例。

8.1 图像形态学概述

基于相同的形态学操作，输入不同的结构元素，将得到不同的输出结果，所以结构元素在形态学操作中有着至关重要的作用。OpenCV 中支持的常见结构元素如下。

❑ 矩形结构元素。

❑ 圆形或者椭圆形结构元素。

❑ 十字交叉结构元素。

同时，OpenCV 中还支持通过 Mat 创建实现自定义的各种结构元素，这点与卷积的 filter2D 中的自定义滤波器颇为相似。不同的是，结构元素只有 0 或者 1 两个值，无须浮点数赋值，因为形态学本质上是基于像素的结构化操作，而不是线性组合的点乘计算。

OpenCV 中的形态学操作支持二值图像、灰度图像和彩色图像，相关的形态学操作包括下面定义的操作算子。

❑ cv::MORPH_ERODE = 0 表示腐蚀操作。

❑ cv::MORPH_DILATE = 1 表示膨胀操作。

❑ cv::MORPH_OPEN = 2 表示开操作。

❑ cv::MORPH_CLOSE = 3 表示闭操作。

❑ cv::MORPH_GRADIENT = 4 表示梯度操作。

❑ cv::MORPH_TOPHAT = 5 表示顶帽操作。

❑ cv::MORPH_BLACKHAT = 6 表示黑帽操作。

❑ cv::MORPH_HITMISS = 7 表示击中 / 击不中操作。

此外，基于上面这些形态学操作，读者还可以任意组合，以适用各种不同的处理需求。

8.2　膨胀与腐蚀

膨胀与腐蚀是形态学中最基础的两个操作，典型的应用场景是二值图像，而 OpenCV 中的膨胀与腐蚀操作均支持灰度图像和彩色图像。OpenCV 中膨胀与腐蚀操作的函数及解释如下。

1. 膨胀操作

膨胀操作的定义是用结构元素窗口内的最大像素值替换锚定位置（默认为中心位置）的像素值，其函数实现如下：

```
void cv::dilate(
    InputArray src,                     // 输入图像
    OutputArray dst,                    // 输出图像
    InputArray kernel,                  // 结构元素
    Point anchor = Point(-1, -1),       // 锚定点
    int iterations = 1,                 // 迭代次数
    int borderType = BORDER_CONSTANT,   // 边缘处理方式
    const Scalar & borderValue = morphologyDefaultBorderValue()
)
```

在上述代码中，kernel 可以通过下面的函数来创建和获取。OpenCV 中获取结构元素的函数如下：

```
Mat cv::getStructuringElement(
    int shape,                  // 形状
    Size ksize,                 // 大小
    Point anchor = Point(-1,-1) // 锚定
)
```

上述代码中，shape 支持的 3 种类型的形状结构。

❑ cv::MORPH_RECT = 0：矩形结构，支持任意宽高比率。

❑ cv::MORPH_CROSS = 1：十字交叉。

❑ cv::MORPH_ELLIPSE = 2：椭圆或者圆形。

2. 腐蚀操作

腐蚀操作的定义是用结构元素窗口内的最小像素值替换锚定点（默认为中心像素点）的

像素值，函数定义如下：

```
void cv::erode (
    InputArray src,                          // 输入图像
    OutputArray dst,                         // 输出图像
    InputArray kernel,                       // 结构元素
    Point anchor = Point(-1, -1),            // 锚定点
    int iterations = 1,                      // 迭代次数
    int borderType = BORDER_CONSTANT,        // 边缘处理方式
    const Scalar & borderValue = morphologyDefaultBorderValue()
)
```

由上述代码可以看到，腐蚀操作函数的参数与膨胀函数基本类似，kernel 同样表示的是结构元素。假设 kernel 原图是 3×3 大小的矩形结构元素，对下面的二值图像分别进行膨胀和腐蚀操作，效果如图 8-1 所示。

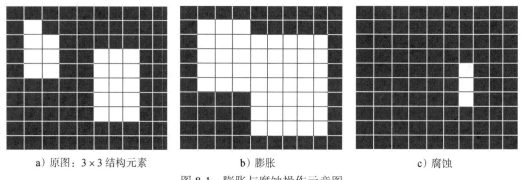

　　　　a）原图：3×3 结构元素　　　　　　b）膨胀　　　　　　　　c）腐蚀

图 8-1　膨胀与腐蚀操作示意图

在图 8-1 中，图 8-1a 是原始的二值图像，图 8-1b 是对该二值图像使用 3×3 矩形结构元素进行膨胀操作的输出结果，图 8-1c 是腐蚀操作之后的输出结果。由输出结果可以看出，膨胀操作会在一定程度上把相邻的对象连接起来成为一个对象，而腐蚀操作则会让对象面积变小或者擦除小的对象。

3. OpenCV 中膨胀与腐蚀操作示例

基于 5×5 大小的矩形结构元素，对输入图像进行膨胀与腐蚀操作，并显示操作结果，代码实现如下：

```
Mat dst1, dst2;
Mat se = getStructuringElement(MORPH_RECT, Size(5, 5), Point(-1, -1));
dilate(image, dst1, se);
erode(image, dst2, se);
imshow(" 膨胀 ", dst1);
imshow(" 腐蚀 ", dst2);
```

代码运行结果如图 8-2 所示。

a）输入图像   b）膨胀   c）腐蚀

图 8-2 膨胀与腐蚀操作运行演示

8.3 开 / 闭操作

基于腐蚀与膨胀操作，有两个组合操作，分别称为开操作与闭操作。相比膨胀与腐蚀操作，开操作和闭操作在二值图像预处理中更加常用，而且简单有效。

1. 开操作

OpenCV 中没有单独的开 / 闭操作函数，我们可以将腐蚀与膨胀两个函数操作组合起来实现开操作。开操作的定义是先腐蚀后膨胀，即开操作 = 腐蚀 + 膨胀。OpenCV 可以通过设置 morphologyEx 函数的参数来支持指定的形态学操作，即可以通过该函数完成形态学的各种操作。morphologyEx 函数定义如下：

```
void cv::morphologyEx (
InputArray src,                  // 表示输入图像，支持任意通道与数据类型
OutputArray dst,                 // 表示输出图像，与输入类型一致
int op,                          // 形态学操作
InputArray kernel,               // 结构元素
Point anchor = Point(-1,-1),     // 锚定点
int iterations = 1,              // 迭代次数
int borderType = BORDER_CONSTANT,
const Scalar & borderValue = morphologyDefaultBorderValue()
)
```

在上述代码中，最后两个参数用于设置对边缘的处理方式，op 参数表示所支持的形态学操作。当 op=MORPH_OPEN 时表示函数执行的是开操作。开操作可以删除二值图像中较小的干扰块，解决图像二值化之后噪点过多的问题。

2. 闭操作

闭操作与开操作类似，闭操作的定义是先膨胀后腐蚀，即闭操作 = 膨胀 + 腐蚀。同样可以通过 OpenCV 中的 morphologyEx 函数来完成，只要设置 op = MORPH_CLOSE，函数就会执行闭操作。闭操作常用于填充二值图像对象内部的孔洞区域，以获得更加完整的前景对象，为后续二值图像的分析做好准备。

3. 基于膨胀与腐蚀的开 / 闭操作实现

下面的代码是基于膨胀与腐蚀的两个基本操作实现图像开 / 闭操作的过程，示例代码如下：

```
Mat se = getStructuringElement(MORPH_RECT, Size(9, 9), Point(-1, -1));

// 开操作
Mat result1;
erode(image, result1, se);
dilate(result1, result1, se);
imshow(" 开操作 ", result1);

// 闭操作
Mat result2;
dilate(image, result2, se);
erode(result2, result2, se);
imshow(" 闭操作 ", result2);
```

代码运行结果如图 8-3 所示。

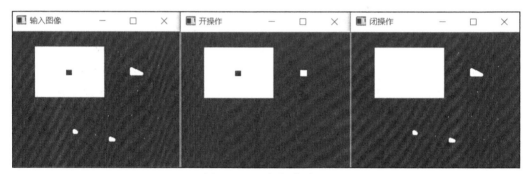

图 8-3　开 / 闭操作演示

在图 8-3 中，左侧是输入的图像，使用的是 9×9 大小的矩形结构元素，中间是开操作之后的输出，右侧是闭操作之后的输出。从图中可以看出，开操作删除了一些小的对象与干扰点，闭操作填充了白色矩形中的黑色方块区域。

4. 使用 morphologyEx 函数完成开 / 闭操作

```
Mat result;
morphologyEx(image, result, MORPH_OPEN, se);
imshow("MORPH_OPEN", result);
morphologyEx(image, result, MORPH_CLOSE, se);
imshow("MORPH_CLOSE", result);
```

上述代码通过 morphologyEx 函数完成了开闭操作。其中 se 是结构元素，同样也是采用 9×9 大小的矩形结构元素，代码运行结果如图 8-3 所示。

8.4 形态学梯度

计算图像的形态学梯度是形态学中最重要的操作之一。同样，形态学梯度也是基于腐蚀与膨胀操作的输出结果再进行适当的组合得到的。形态学梯度不但可以快速得到二值图像中各个对象的轮廓、提取对象的边缘，还能在对灰度实现形态学梯度操作之后再进行二值化，甚至有时还会得到比 Canny 边缘检测效果更好的图像轮廓边缘，所以从形态学梯度的处理中可以看出，先对二值图像进行预处理是很重要的。常见的 3 种形态学梯度分别是基本梯度、内梯度和外梯度，它们的定义与解释。

1. 基本梯度

基本梯度的定义是对原图分别执行膨胀操作和腐蚀操作，然后将二者的输出结果相减（膨胀 − 腐蚀），得到的即为基本梯度图像，表示如下：

$$基本梯度 = 膨胀（src）− 腐蚀（src）$$

当参数 op 设置为 MORPH_GRADIENT 时，调用 morphologyEx 函数就会执行基本梯度操作，基本梯度得到的是对输入图像进行膨胀和腐蚀操作之后的差值图像。

2. 内梯度

内梯度的定义是用原图减去腐蚀操作之后的结果，表示如下：

$$内梯度 = 原图（src）− 腐蚀（src）$$

因为 OpenCV 中没有直接可用的求内梯度的函数，所以需要将腐蚀的结果与像素算术运算进行组合才能得到内梯度的值，这部分的代码稍后予以展示。

3. 外梯度

外梯度的定义是用膨胀操作之后的结果减去原图，表示如下：

$$外梯度 = 膨胀（src）− 原图（src）$$

OpenCV 中同样没有直接可用的计算外梯度的函数，也需要将膨胀的结果与像素算术运算进行组合才能得到。

4. 形态学梯度示例代码

下面使用 3 × 3 大小的矩形结构元素，对输入图完成形态学腐蚀与膨胀操作，然后分别求取基本梯度、内梯度和外梯度的值，代码如下所示：

```
Mat se = getStructuringElement(MORPH_RECT, Size(3, 3), Point(-1, -1));
Mat basic_grad, ex_grad, in_grad;
Mat di, er;
dilate(image, di, se);
erode(image, er, se);
```

```
// 基本梯度
morphologyEx(image, basic_grad, MORPH_GRADIENT, se);

// 外梯度
subtract(di, image, ex_grad);

// 内梯度
subtract(image, er, in_grad);
// display
imshow(" 基本梯度 ", basic_grad);
imshow(" 外梯度 ", ex_grad);
imshow(" 内梯度 ", in_grad);
```

代码运行结果如图 8-4 所示。

图 8-4　基本梯度、外梯度与内梯度演示

对图 5-3 中左侧的图像进行灰度化之后，运行上述代码即可得到图 8-4 左侧的基本梯度、中间的外梯度和右侧内梯度的输出图像。从图 8-4 显示的结果可以看出，它们很好地提取出了原图中的各种边缘与细节轮廓，其中，基本梯度比外梯度与内梯度提取的边缘更加清晰。

5. 使用形态学梯度提取边缘

下面介绍一个基于形态学的基本梯度实现边缘提取的例子，全程不用手动输入阈值即可实现图像的边缘提取，不会有 Canny 方法中需要设置阈值的烦恼。示例代码如下：

```
Mat se = getStructuringElement(MORPH_RECT, Size(3, 3), Point(-1, -1));
Mat gray, edges;
cvtColor(image, gray, COLOR_BGR2GRAY);
Mat basic_grad;
morphologyEx(gray, basic_grad, MORPH_GRADIENT, se);
threshold(basic_grad, edges, 0, 255, THRESH_BINARY | THRESH_OTSU);
imshow(" 边缘检测 ", edges);
```

上述代码首先对图像进行灰度化，然后提取基本梯度，再使用全局阈值分割操作进行二值化后即可得到图像的边缘信息，运行结果如图 8-5 所示。

图 8-5　基于形态学梯度提取边缘

8.5　顶帽与黑帽

有些时候需要关注的恰恰是二值图像中那些微小的细节部分，因为它们可能是斑点或者缺陷、瑕疵之类的对象，需要通过二值图像分析把它们提取出来做进一步的处理。对于这种问题，形态学的顶帽和黑帽操作就可以很好地实现从二值图像中提取这类小斑点对象的功能。顶帽和黑帽操作同样是由膨胀与腐蚀操作构成的。

顶帽的定义是用原图减去开操作之后的结果，黑帽的定义是用闭操作之后的结果减去原图。在 OpenCV 中执行顶帽与黑帽的操作都需要先调用 morphologyEx 函数，然后将 op 参数分别设置为 MORPH_TOPHAT 和 MORPH_BLACKHAT。

来看一下不同结构元素下顶帽与黑帽的效果对比。

在 OpenCV 中，多次输入图像的顶帽和黑帽操作可用于提取图像中的不同颗粒度的对象，示例代码如下：

```
Mat se = getStructuringElement(MORPH_RECT, Size(3, 3), Point(-1, -1));
Mat binary;
threshold(image, binary, 127, 255, THRESH_BINARY);
Mat tophat, blackhat;
morphologyEx(binary, tophat, MORPH_TOPHAT, se);
morphologyEx(binary, blackhat, MORPH_BLACKHAT, se);
imshow(" 顶帽 ", tophat);
imshow(" 黑帽 ", blackhat);
```

当定义的结构元素是 3×3 大小的矩形时，上述代码的运行结果如图 8-6 所示。

图 8-6　3×3 大小的矩形结构元素的顶帽与黑帽操作

当定义的结构元素是 7×7 大小的矩形时，上述代码的运行结果如图 8-7 所示。

图 8-7　7×7 大小的矩形结构元素的顶帽与黑帽操作

当定义的结构元素是 11×11 大小的矩形时，上述代码的运行结果如图 8-8 所示。

图 8-8　11×11 大小的矩形结构元素的顶帽与黑帽操作

对比图 8-6 到图 8-8 的结果，可以得出的结论：随着矩形结构元素的不断增大，顶帽与黑帽提取的内容也会有所不同，不同粒度的对象会被一一筛选出来。有时候，你会发现黑帽或者顶帽输出的是黑色背景的图像，这是因为所定义的矩形结构元素比较小所导致的，可以通过适当调整矩形结构元素的大小来改变输出。

8.6　击中/击不中

击中/击不中也是基础形态学操作组合，可以实现对象的细化和剪枝操作。击中/击不中操作对二值图像的模式匹配和轮廓发现都是非常有用的。该操作基于 B1 与 B2 这两个结构元素完成。第一个结构元素 B1 在图像上完成腐蚀操作之后，第二个结构元素 B2 也会在图像上完成腐蚀操作，合并后再输出即可。

1. 击中/击不中操作详解

击中/击不中操作的详细步骤如下。

1）使用 B1 完成对图像的腐蚀操作。

2）使用 B2 完成对图像的腐蚀操作。

3）对上述两步的输出结果进行位与操作，然后输出最终结果。

上述步骤将结构元素 B1 + B2 之后可以得到一个结构元素 B，可以直接完成一次操作

（击中 / 击不中）。下面就来举例说明，假设有如图 8-9 所示的结构元素。

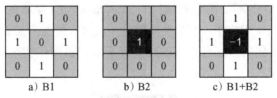

图 8-9　击中 / 击不中结构元素

在图 8-9a 所示的 B1、图 8-9b 所示的 B2 中对图像进行腐蚀操作，然后合并为图 8-9c 所示 B1 + B2。在图 8-9c 中，中心元素 −1 表示该点为背景像素点；上下左右 4 个点值为 1，表示前景像素点；角上 4 个点值为 0，表示取任意像素值均可。这就是击中 / 击不中的结构元素定义。使用该结构元素对输入图像的二值图像完成操作，即可得到输出图像，如图 8-10 所示。

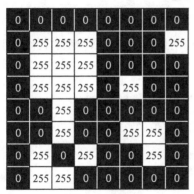

a) 输入二值图像

b) 输出二值图像

图 8-10　击中 / 击不中示意图

设计不同的结构元素，会得到不同的输出图像，如图 8-11 所示。

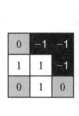

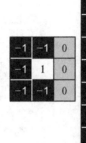

a) 使用结构元素实现检测右上角　　　　　　　　　b) 使用结构元素实现检测左边线检测

图 8-11　不同结构元素的击中 / 击不中示意图

2. 示例代码

OpenCV 中的击中 / 击不中操作是通过对 morphologyEx 函数的 op 参数设置 MORPH_HITMISS 来实现的。当使用击中 / 击不中操作时，大多数情况下需要自定义一个结构元素。下面的示例代码演示了如何通过自定义的结构元素对二值图像实现边缘提取，其中使用的结构元素如图 8-12 所示。

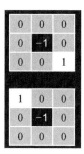

图 8-12 击中 / 击不中示例代码所用的结构元素

接下来使用该结构元素就可以实现对二值图像的边缘轮廓提取。示例代码如下：

```
Mat gray, binary;
cvtColor(image, gray, COLOR_BGR2GRAY);
threshold(gray, binary, 0, 255, THRESH_BINARY | THRESH_OTSU);
Mat se1 = (Mat_<int>(3, 3) << 1, 0, 0, 0, -1, 0, 0, 0, 0);
Mat se2 = (Mat_<int>(3, 3) << 0, 0, 0, 0, -1, 0, 0, 0, 1);
Mat h1, h2, result;
morphologyEx(binary, h1, MORPH_HITMISS, se1);
morphologyEx(binary, h2, MORPH_HITMISS, se2);
add(h1, h2, result);
imshow("击中 / 击不中", result);
```

通过两个结构元素分别提取左上与右下的边的形状，然后相加得到图像轮廓，代码运行结果如图 8-13 所示。

图 8-13 使用击中 / 击不中操作提取图像轮廓

由图 8-13 可以看出，击中 / 击不中操作是可以很好地提取图像的主要轮廓与边缘的。

8.7　结构元素

结构元素对形态学操作的影响显而易见，本节将详细讲解几种不同的结构元素在处理二值图像时的特殊作用。这里将通过两个具体的例子来说明：第一个例子是通过结构元素来检测水平线与垂直线；第二个例子是通过十字交叉结构元素来检测十字交叉点。

1. 检测水平线与垂直线

OpenCV 在结构元素定义中支持矩形、椭圆形和十字交叉，其中，矩形可以定义一个像素宽度 Size(1, N) 或者高度 Size(N, 1) 的结构元素。这样的结构元素其实就是水平线或者垂直线，用该结构元素就可以提取到二值图像中的水平线或者垂直线。示例代码如下：

```
Mat gray, binary;
cvtColor(image, gray, COLOR_BGR2GRAY);
threshold(gray, binary, 0, 255, THRESH_BINARY_INV | THRESH_OTSU);
Mat h_line = getStructuringElement(MORPH_RECT, Size(25, 1), Point(-1, -1));
Mat v_line = getStructuringElement(MORPH_RECT, Size(1, 25), Point(-1, -1));
Mat hResult, vResult;
morphologyEx(binary, hResult, MORPH_OPEN, h_line);
morphologyEx(binary, vResult, MORPH_OPEN, v_line);
imshow(" 水平线 ", hResult);
imshow(" 垂直线 ", vResult);
```

在上述代码中，h_line 是水平线结构元素，v_line 是垂直线结构元素，代码的运行结果如图 8-14 所示。

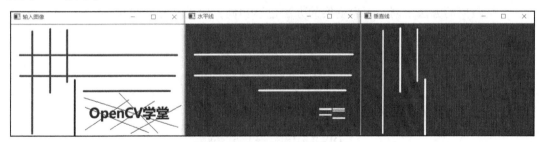

图 8-14　水平线和垂直线检测

在图 8-14 中，左侧是输入原图像，中间提取到的水平线，右侧是提取到的垂直线。

2. 检测十字交叉点

十字交叉结构元素可用于实现十字交叉点的提取。代码实现如下：

```
Mat gray, binary;
cvtColor(image, gray, COLOR_BGR2GRAY);
threshold(gray, binary, 0, 255, THRESH_BINARY_INV | THRESH_OTSU);
Mat cross_se = getStructuringElement(MORPH_CROSS, Size(11, 11), Point(-1, -1));
Mat result;
morphologyEx(binary, result, MORPH_OPEN, cross_se);
imshow(" 十字交叉 ", result);
```

代码运行结果如图 8-15 所示。

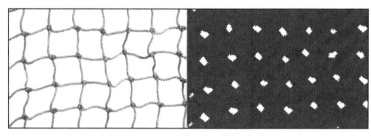

图 8-15　十字交叉点检测

图 8-15 中使用的是 11×11 大小的十字交叉结构元素，获得了十字交叉的节点。

8.8　距离变换

距离变换是二值图像分析中的一个重要手段，是很多二值分析与处理的中间步骤，在骨架提取、图像窄化、标记 Blob 提取中常有应用。距离变换的结果是得到一张与输入图像类似的灰度图像，但是灰度值只出现在前景区域，并且越是远离背景边缘的像素点，其灰度值越大。

1. 距离变换

度量距离的方法不同，距离变换的方法也不相同，假设有像素点 $p_1(x_1, y_1)$、$p_2(x_2, y_2)$，计算这两个点之间距离的常见方法如下。

1）DIST_L2（欧几里得距离）：

$$DIST\_L2 = \sqrt{(x_1 - x_2)^2 + (y_1 - y_2)^2}$$

2）DIST_L1（曼哈顿距离）：

$$DIST\_L1 = |x_2 - x_1| + |y_2 - y_1|$$

3）DIST_C（棋盘格距离）：

$$DIST\_C = \max(|x_2 - x_1|, |y_2 - y_1|)$$

一个最常见的距离变换算法就是通过连续的腐蚀操作来实现的。腐蚀操作的停止条件是所有前景像素都被完全腐蚀。这样根据腐蚀操作的先后顺序，就可以得到各个前景像素点到前景中心骨架像素点的距离。然后根据各个像素点的距离值，设置不同的灰度值。这样就完成了二值图像的距离变换。OpenCV 中已经实现了距离变换的算法，相关函数的定义如下：

```
void cv::distanceTransform (
    InputArray src,      // 输入的是 8 位单通道图像
    OutputArray dst,     // 输出的是 8 位或者 32 位浮点数的单通道图像
```

```
        OutputArray labels,  // 输出 CV_32SC1 维诺图，大小与输入图像一致
        int distanceType,    // 距离类型，常见的有 DIST_L2、DIST_L1、DIST_C
        int maskSize,        // maskSize 与计算距离精度有关
        int labelType = DIST_LABEL_CCOMP
)
```

在上述代码中，当 distanceType 设置为 DIST_L1 或者 DIST_C 时，maskSize 的大小推荐设置为 3×3；当 distanceType 设置为 DIST_L2 时，maskSize 的大小可以设置为 3×3 或者 5×5。

2. 示例代码

下面的示例代码实现了二值图像的距离变换方法，代码实现如下：

```
Mat hsv, mask;
cvtColor(image, hsv, COLOR_BGR2HSV);
inRange(hsv, Scalar(150, 200, 200), Scalar(180, 255, 255), mask);
Mat dst;
distanceTransform(mask, dst, DIST_L2, 3, CV_32F);
normalize(dst, dst, 0, 1, NORM_MINMAX);
imshow("距离变换", dst);
```

上述代码首先通过 inRange 函数得到二值图像，然后对二值图像进行距离变换，再将距离变换的结果归一化到 [0, 1]，然后予以显示。代码运行结果如图 8-16 所示。

图 8-16　距离变换演示

在图 8-16 中，左侧是输入的原图，右侧是二值化之后的距离变换输出结果。

8.9　分水岭分割

图像分水岭分割是基于图像形态学的语义分割算法，常见的算法实现是基于标记（Marker）的分水岭分割方法。主要原因是其他分水岭算法大多数是基于灰度图像像素来寻找分割线，很容易导致过度分割或者不稳定的分割。而基于标记的分水岭分割算法就比较稳定，一般情况下不会产生过度分割的问题。OpenCV 实现了基于标记的分水岭分割算法，相关函数定义如下：

```
void cv::watershed(
    InputArray image,         // 输入图像（8 位三通道）
```

```
    InputOutputArray markers // 标记（32 位单通道图像）
)
```

在上述代码中，标记 markers 可以通过轮廓发现得到填充区域，这些区域将被标记为种子像素，标记区域的值必须是大于 0 的，而非标记区域的像素默认设置为 0。基于这些标记的种子像素，分水岭分割算法实现了对其他未知像素的标记。如果像素被标记为 −1，则表示该像素连接了两个区域。

来看一下二值图像分水岭分割的原理与示例。

首先需要将正常输入的图像转换为灰度图像，然后对图像进行二值化操作，通过距离分割生成标记，使用分水岭分割算法得到输出结果。最后可视化输出结果。由此可见，距离变换是一个很重要的环节。另外，在输入图像质量不佳的情况下，通常会通过高斯均值或者非局部均值对图像进行去噪，之后完成上述的一系列操作。实现图像分水岭分割的操作可以拆分为以下步骤，如图 8-17 所示。

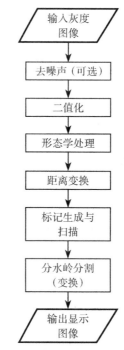

图 8-17　分水岭算法处理流程

在预处理阶段，开发者可以根据输入图像的质量，自行决定是否要使用图像增强方法。生成标记可以基于二值化输出进行距离变换，然后扫描连通组件或者通过轮廓发现来实现。最后根据标记输入完成分水岭分割，从而得到输出结果。完整的示例代码如下：

```
// 二值化
Mat gray, binary;
cvtColor(image, gray, COLOR_BGR2GRAY);
```

```cpp
threshold(gray, binary, 0, 255, THRESH_BINARY_INV | THRESH_OTSU);

// 开操作
Mat opening, dist;
Mat se = getStructuringElement(MORPH_RECT, Size(5, 5), Point(-1, -1));
morphologyEx(binary, opening, MORPH_OPEN, se);

// 背景
Mat bg;
dilate(binary, bg, se);

// 距离变换
distanceTransform(opening, dist, DIST_L2, 3, CV_32F);
normalize(dist, dist, 0, 1, NORM_MINMAX);

// 生成 markers
Mat objects, markers;
threshold(dist, objects, 0.7, 1.0, THRESH_BINARY);
objects = objects*255.0;
objects.convertTo(objects, CV_8U);
int num = connectedComponents(objects, markers, 8, 4);

// 背景为 1, unknown 为 0, 其他 label 大于 1
markers = markers + 1;
Mat unknown;
subtract(bg, objects, unknown);
for (int row = 0; row < unknown.rows; row++) {
    for (int col = 0; col < unknown.cols; col++) {
        int b = unknown.at<uchar>(row, col);
        if (b > 0) {
            markers.at<int>(row, col) = 0;
        }
    }
}
imshow("距离变换", objects);

// 分水岭分割
watershed(image, markers);

// 构建颜色查找表
RNG rng(12345);
Vec3b background_color(255, 255, 255);
std::vector<Vec3b> colors_table;
for (int i = 1; i < num; i++) {
    int b = rng.uniform(0, 255);
    int g = rng.uniform(0, 255);
    int r = rng.uniform(0, 255);
    colors_table.push_back(Vec3b(b, g, r));
}

// 绘制
for (int row = 0; row < image.rows; row++) {
    for (int col = 0; col < image.cols; col++) {
```

```
        int b = bg.at<uchar>(row, col);
        int c = markers.at<int>(row, col);
        if (b > 0) {
            image.at<Vec3b>(row, col) = colors_table[c+1];
        }
        else {
            image.at<Vec3b>(row, col) = background_color;
        }
    }
}
imshow("分水岭分割", image);
```

上面的代码首先生成了二值图像，然后对二值图像完成形态学操作，生成前景图像与背景图像。将前景图像与背景图像相减得到待分割的像素图像。对前景图像基于距离变换再次进行二值化操作，生成标记图像。标记图像的背景像素标签为 1，未知分割像素标签为 0，前景像素标签大于 1；最终用生成的标记图像完成分水岭分割，根据生成的颜色填充绘制即可。上述代码的运行结果如图 8-18 所示。

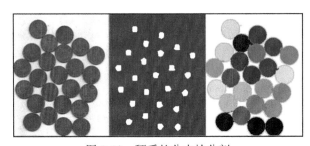

图 8-18　硬币的分水岭分割

在图 8-18 中，左侧是输入图像，中间是距离变换待生成的标记图像输入，右侧是分水岭分割之后的结果。程序将输出的背景设置为白色，颜色则是通过 OpenCV 中的 RNG 实例随机生成。

8.10　小结

本章详细讲解了 OpenCV 中图像形态学相关的函数与编程实践，并对基本形态学操作、结构元素、形态学的基本应用场景都进行了细致阐述。希望读者通过本章的学习能够熟练使用图像形态学相关知识解决二值图像预处理的相关问题。本章在 8.9 节中展示的分水岭分割案例综合运用了前面所学的二值图像的相关知识点，完成了图像的分割，是一个很好的实践案例，希望大家通过分水岭分割案例学会如何合理地使用二值函数。

同时，本章也是 OpenCV 二值图像分析部分的核心内容之一。学习完本章内容之后，OpenCV 中二值图像分析的主要内容与核心知识点都已介绍完毕，希望读者在后续的学习中能够不断加深对这部分内容的理解，提升实践能力，合理使用相关函数解决实际项目问题。

第 9 章

特 征 提 取

　　什么样的信息既具有唯一性又可以表示图像本身？答案就是图像特征。那么如何定义图像特征，以及如何提取图像特征呢？本章将从最基础的图像特征定义开始，讲述OpenCV 中常见的图像特征提取、特征匹配和其他相关应用。

　　本章将在图像卷积处理的基础上进行进一步处理。内容主要涉及通过角点检测寻找特征点，通过图像金字塔对不同分辨率的图像进行采样，并详细介绍 HOG 的特征及其使用方法，ORB 特征的特征点提取与描述子提取，以及使用特征描述子实现对象匹配与对象检测等应用。

　　下面开始图像特征的探索吧！

9.1　图像金字塔

　　图像金字塔的最底层是输入图像本身，然后不断地降采样并叠加在一起。从最上面向下看去，整个视图就好像一个金字塔结构。图像金字塔在多分辨率图像特征提取、尺度空间不变性构建、图像分辨率重建等方面非常重要。最常见的图像金字塔就是高斯金字塔。

9.1.1　高斯金字塔

　　对一张图像不断进行模糊操作之后再向下采样，可以得到不同分辨率的图像，同时每次得到的新图像的宽与高都是原来图像的 1/2，最常见的就是基于高斯模糊之后的采样，其得到的一系列图像称为高斯金字塔。

　　图像金字塔本质上是由一系列不同分辨率的图像组成的，如图 9-1 所示。

　　生成金字塔图像的过程称为 reduce 操作。与金字塔图像 reduce 操作相对应的是从金字塔图像的最低分辨率图像不断反向构建，重新得到一个金字塔图像，这个过程称为 expand

操作。下面就来分别详细解释一下这两个操作。

图 9-1　图像金字塔示意图

1. reduce 操作

reduce 操作由两步组成，分别是高斯模糊与偶数行采样。但是在实际计算时是可以合成一步完成的，公式表示如下：

$$G_{l+1}(i,j) = \sum_{m=-2}^{2} \sum_{n=-2}^{2} W(m,n)G_l(2i-m,2j-n)$$

其中：

- $W(m, n)$ 表示的是高斯权重核，其中 (m, n) 分别表示核的宽和高。
- G_l 与 G_{l+1} 分别表示金字塔的第 l 层和第 $l+1$ 层。
- i 与 j 分别表示第 $l+1$ 层上的像素点坐标。

reduce 操作对应的 OpenCV 函数定义如下：

```
void cv::pyrDown(
    InputArray src, // 输入图像
    OutputArray dst,// 输出图像
    const Size & dstsize = Size(),
    int borderType = BORDER_DEFAULT
)
```

输出图像的大小默认为 Size ((src.cols + 1) /2, (src.rows + 1) /2)。

2. expand 操作

expand 操作可以简单地看成 reduce 操作的反向操作，用于实现图像升采样，公式表示如下：

$$G_{n-1}(i,j) = 4 \sum_{m=-2}^{2} \sum_{n=-2}^{2} W(m,n)G_n((i-m)/2,(j-n)/2)$$

其中：

- $W(m, n)$ 表示的是高斯权重核，其中 (m, n) 分别表示核的宽和高。
- G_n 与 G_{n-1} 分别表示金字塔的第 n 层和第 $n-1$ 层。
- i 与 j 分别表示第 $n-1$ 层上的像素点坐标。

expand 操作对应的 OpenCV 函数如下：

```
void cv::pyrUp(
    InputArray src,
    OutputArray dst,
    const Size & dstsize = Size(),
    int borderType = BORDER_DEFAULT
)
```

该函数相关参数的含义与 reduce 操作相同。

3. 代码示例

代码示例分别实现了高斯金字塔的 reduce 与 expand 两个操作，具体实现如下：

```
int level = 2;
vector<Mat> reduce_images;
Mat temp = image.clone();
// 金字塔 reduce 操作
for (int i = 0; i < level; i++) {
    Mat dst;
    pyrDown(temp, dst);
    imshow(format("reduce:%d", (i + 1)), dst);
    dst.copyTo(temp);
    reduce_images.push_back(dst);
}

// 金字塔 expand 操作
for (int i = level - 1; i >= 0; i--) {
    Mat expand;
    Mat lpls;
    if (i - 1 < 0) {
        pyrUp(reduce_images[i], expand, image.size());
    }
    else {
        pyrUp(reduce_images[i], expand, reduce_images[i - 1].size());
    }
    imshow(format("expand:%d", (i + 1)), expand);
}
```

输入的层数 level 为 2 时，构建的是一个三层的高斯金字塔，运行结果如图 9-2 所示。

图 9-2　高斯金字塔不同层的图像

9.1.2　拉普拉斯金字塔

对输入图像进行 reduce 操作会生成不同分辨率的图像，对这些图像进行 expand 操作，然后使用 reduce 减去 expand 之后的结果，就会得到拉普拉斯金字塔图像。假设输入图像为 $G(0)$，reduce 操作生成了 $G(1)$、$G(2)$ 和 $G(3)$，则拉普拉斯金字塔 L 的算式如下：

$$L0 = G(0)-\text{expand}(G(1))$$
$$L1 = G(1)-\text{expand}(G(2))$$
$$L2 = G(2)-\text{expand}(G(3))$$

$G(0)$ 减去 expand($G(1)$) 得到的结果就是两次高斯模糊输出的差值图像（即 $L0$），称为 DOG（高斯差分图像）。DOG 约等于 LOG（高斯拉普拉斯），所以又称为拉普拉斯金字塔。因此要想得拉普拉斯金字塔图像，首先要完成高斯金字塔的 reduce 操作与 expand 操作，最后相减得到拉普拉斯金字塔图像。上面的整个操作过程如图 9-3 所示。

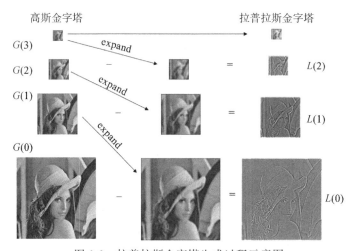

图 9-3　拉普拉斯金字塔生成过程示意图

OpenCV 利用 reduce 操作与 expand 操作计算拉普拉斯金字塔的代码实现如下：

```cpp
int level = 3;
vector<Mat> reduce_images;
Mat temp = image.clone();
for (int i = 0; i < level; i++) {
    Mat dst;
    pyrDown(temp, dst);
    dst.copyTo(temp);
    reduce_images.push_back(dst);
}

for (int i = level - 1; i >= 0; i--) {
    Mat expand;
    Mat lpls;
```

```
if (i - 1 < 0) {
    pyrUp(reduce_images[i], expand, image.size());
    subtract(image, expand, lpls);
}
else {
    pyrUp(reduce_images[i], expand, reduce_images[i - 1].size());
    subtract(reduce_images[i - 1], expand, lpls);
}
imshow(format("拉普拉斯金字塔:%d", (i + 1)), lpls);
}
```

上述代码首先得到 reduce 的结果，然后基于 reduce 反向操作，得到每一层图像 expand 的结果，运用相减法得到拉普拉斯金字塔。代码运行结果如图 9-4 所示。

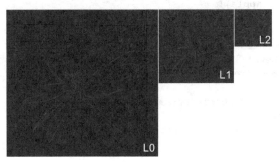

图 9-4　拉普拉斯金字塔不同层的图像

9.1.3　图像金字塔融合

根据拉普拉斯金字塔的定义可以知道，拉普拉斯金字塔的每一层都是一个高斯差分图像。以第 *L*0 层为例，拉普拉斯金字塔图 *L*0 层 = 原图 − expand（高斯金字塔 *G*1 层）。对前面的公式变换，得到：原图 = 拉普拉斯金字塔图 *L*0 层 + expand（高斯金字塔 *G*1 层）。也就是说，可以基于低分辨率的图像与它的高斯差分图像，重建生成一个高分辨率的图像。基于这样的思想，对两张不同的图像基于掩膜图像进行图像融合，从低分辨率重建高分辨率的融合图像，通过金字塔融合生成的图像也会更加真实自然，如图 9-5 所示。

图 9-5　图像金字塔融合

在图 9-5 中，左侧是苹果，中间是橘子，右侧是它们融合之后的图像。要想完成这样的图像金字塔融合操作，还需要一张掩膜图像，这里采用的是单通道 CV_8U 的图像。首先，分别为输入的苹果与橘子图像构建高斯金字塔和拉普拉斯金字塔，为掩膜图像构建高斯金字塔。使用金字塔最小分辨率层，基于掩膜融合得到最低分辨率的融合图像。然后基于最低分辨率的融合图像，使用 expand 操作，加上对应融合的苹果与橘子的拉普拉斯金字塔，即可实现高分辨率融合图像的重建。完整流程的代码实现如下：

```
Mat mc = imread(rootdir + "mask.png");
if (apple.empty() || orange.empty()) {
    return;
}
imshow(" 苹果图像 ", apple);
imshow(" 橘子图像 ", orange);

vector<Mat> la = buildLapacianPyramid(apple);
Mat leftsmallestLevel;
smallestLevel.copyTo(leftsmallestLevel);

vector<Mat> lb = buildLapacianPyramid(orange);
Mat rightsmallestLevel;
smallestLevel.copyTo(rightsmallestLevel);

Mat mask;
cvtColor(mc, mask, COLOR_BGR2GRAY);

vector<Mat> maskPyramid = buildGaussianPyramid(mask);
Mat samllmask;
smallestLevel.copyTo(samllmask);

Mat currentImage = blend(leftsmallestLevel, rightsmallestLevel, samllmask);
imwrite("D:/samll.png", currentImage);
// 重建拉普拉斯金字塔
vector<Mat> ls;
for (int i = 0; i<level; i++) {
    Mat a = la[i];
    Mat b = lb[i];
    Mat m = maskPyramid[i];
    ls.push_back(blend(a, b, m));
}

// 重建原图
Mat temp;
for (int i = level - 1; i >= 0; i--) {
    pyrUp(currentImage, temp, ls[i].size());
    add(temp, ls[i], currentImage);
}
imshow(" 高斯金字塔图像融合重建 - 图像 ", currentImage);
```

在上述代码中，buildGaussianPyramid 实现了高斯金字塔构建，buildLapacianPyramid 实现了拉普拉斯金字塔构建，blend 方法实现了基于掩膜图像的融合，该方法的代码如下：

```
Mat blend(Mat &a, Mat &b, Mat &m) {
    int width = a.cols;
    int height = a.rows;
    Mat dst = Mat::zeros(a.size(), a.type());
    Vec3b rgb1;
    Vec3b rgb2;
    int r1 = 0, g1 = 0, b1 = 0;
    int r2 = 0, g2 = 0, b2 = 0;
    int red = 0, green = 0, blue = 0;
    int w = 0;
    float w1 = 0, w2 = 0;
    for (int row = 0; row<height; row++) {
        for (int col = 0; col<width; col++) {
            rgb1 = a.at<Vec3b>(row, col);
            rgb2 = b.at<Vec3b>(row, col);
            w = m.at<uchar>(row, col);
            w2 = w / 255.0f;
            w1 = 1.0f - w2;

            b1 = rgb1[0] & 0xff;
            g1 = rgb1[1] & 0xff;
            r1 = rgb1[2] & 0xff;

            b2 = rgb2[0] & 0xff;
            g2 = rgb2[1] & 0xff;
            r2 = rgb2[2] & 0xff;

            red = (int)(r1*w1 + r2*w2);
            green = (int)(g1*w1 + g2*w2);
            blue = (int)(b1*w1 + b2*w2);

            // 输出结果
            dst.at<Vec3b>(row, col)[0] = blue;
            dst.at<Vec3b>(row, col)[1] = green;
            dst.at<Vec3b>(row, col)[2] = red;
        }
    }
    return dst;
}
```

运行结果如图 9-5 所示。

9.2 Harris 角点检测

角点是图像中亮度变化最强的地方，反映了图像的本质特征，提取图像中的角点可以有效提高图像特征提取的精准度。所以对整幅图像来说特别重要，角点检测与图像特征提取越准确，图像处理与分析结果就越真实。同时，角点检测对真实环境下的对象识别、对象匹配都能起到决定性作用。Harris 角点检测是图像处理中角点提取的经典算法之一，应用范围非常广泛。在经典的 SIFT 特征提取算法中，Harris 角点检测能够起到关键作用。对于角点检测算法，通常会有如下要求。

❑ 基于灰度图像，能够自动调整，运行稳定，并检测出角点的数目。

❑ 对噪声不敏感，有一定的噪声抑制能力，有较强的角点检测能力。

❑ 准确性较高，能够准确发现角点位置。

❑ 算法应尽可能地高效，运行时间应尽可能地短。

图像的角点在各个方向上都有很强的梯度变化，如图 9-6 示。

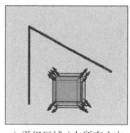 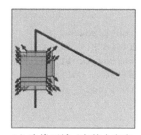 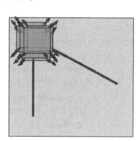

a）平坦区域（在所有方向　　　b）边缘区域（在某个方向　　　c）角度边缘（在各个方向
均没有明显梯度变化）　　　　梯度值有明显变化）　　　　梯度值均有明显变化）

图 9-6　图像角点提取示意图

在 Harris 角点检测算法中，计算角点响应值的公式可以表示如下：

$$R = \det M - k(\text{trace}M)^2$$
$$\det M = \lambda_1 \lambda_2$$
$$\text{trace}M = \lambda_1 + \lambda_2$$

其中：

❑ R 表示最后计算得到角点响应值。

❑ λ_1 与 λ_2 表示根据梯度矩阵计算得到的矩阵特征值。

❑ 建议系数 k 的取值范围为 0.04 ～ 0.06。

OpenCV 中的 Harris 角点检测函数定义如下：

```
void cv::cornerHarris(
    InputArray src,                      // 输入图像
    OutputArray dst,                     // 输出响应值
    int blockSize,                       // 矩阵 M 大小
    int ksize,                           // 计算梯度窗口
    double k,                            // 系数
    int borderType = BORDER_DEFAULT     // 边缘处理
)
```

在上述代码中，dst 是输出函数，表示每个像素点位置上的 Harris 角点的响应值，根据输出的响应值，设置阈值，大于阈值的可以作为角点绘制显示。基于该函数实现角点检测的代码如下：

```
RNG rng(12345);
```

```
// 参数
int blockSize = 2;
int apertureSize = 3;
double k = 0.04;

// 角点检测
Mat gray, dst;
cvtColor(image, gray, COLOR_BGR2GRAY);
cornerHarris(gray, dst, blockSize, apertureSize, k);

// 归一化
Mat dst_norm = Mat::zeros(dst.size(), dst.type());
normalize(dst, dst_norm, 0, 255, NORM_MINMAX);
convertScaleAbs(dst_norm, dst_norm);

// 绘制角点
for (int row = 0; row < dst_norm.rows; row++) {
    for (int col = 0; col < dst_norm.cols; col++) {
        int rsp = dst_norm.at<uchar>(row, col);
        if (rsp > 130) {
            int b = rng.uniform(0, 256);
            int g = rng.uniform(0, 256);
            int r = rng.uniform(0, 256);
            circle(image, Point(row, col), 5, Scalar(b, g, r), 2);
        }
    }
}
imshow("Harris 角点检测 ", image);
```

首先将得到的响应输出 R 值归一化到 $0 \sim 255$，然后设置响应阈值 $T = 130$ 即可。代码运行结果如图 9-7 所示。

图 9-7　Harris 角点检测与绘制

9.3　shi-tomas 角点检测

Harris 角点检测存在的一个缺点就是对每个像素点的计算太多，无法做到实时角点检测，所以后来有人基于 Harris 角点检测提出了一个改进版的快速角点检测算法——shi-tomas 角点检测算法。相比 Harris 角点检测算法，shi-tomas 角点检测计算响应值 R 的方式更简单。计算公式表示如下：

$$R = \min(\lambda_1, \lambda_2)$$

其中，λ_1 和 λ_2 是梯度矩阵的特征值。shi-tomas 角点取值如图 9-8 所示。

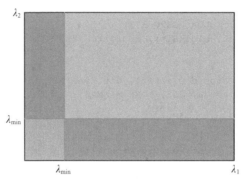

图 9-8　shi-tomas 角点取值

在图 9-8 中，在左下角的方格区域中，λ_1 和 λ_2 都比较小，对应图像中的平坦区域；在两个黑色的区域中，λ_1 和 λ_2 其中之一比较大，对应图像中的边缘区域；在右上角的方格区域中 λ_1 和 λ_2 都比较大，对应图像中的角点区域。OpenCV 中 shi-tomas 角点检测对应的函数定义如下：

```
void cv::goodFeaturesToTrack(
    InputArray image,              // 输入图像
    OutputArray corners,           // 输出角点
    int maxCorners,                // 最大角点数目
    double qualityLevel,           // 质量指标
    double minDistance,            // 最小距离
    InputArray  mask = noArray(),  // 遮罩
    int blockSize = 3,             // 窗口大小
    bool useHarrisDetector = false,
    double k = 0.04
)
```

上述代码中的参数解释如下。

❑ corners 表示输出的角点坐标的合集。

❑ maxCorners 表示可以返回的最大角点数目，如果超过声明的数目，则根据响应值 R 返回指定数目的角点合集。

❑ qualityLevel 表示角点过滤与候选条件阈值，假设 qualityLevel = 0.01，最大角点响应值 R = 1500，则阈值 T = 1500 × 0.01 = 15，因此响应值低于 15 的都会被丢弃。

❑ useHarrisDetector 表示是否使用 Harris 角点检测算法，默认值为 false 时表示使用 shi-tomas 角点检测算法。

❑ minDistance 表示两个角点之间的最小距离，该值可以避免角点重叠检测。

❑ 只有当 useHarrisDetector = true 时，参数 *k* 才会起作用。

下面的代码演示了使用 shi-tomas 角点检测算法实现图像角点检测的方法。代码实现如下：

```
Mat gray;
cvtColor(image, gray, COLOR_BGR2GRAY);
int maxCorners = 400;
double qualityLevel = 0.01;
std::vector<Point> corners;
goodFeaturesToTrack(gray, corners, maxCorners, qualityLevel, 5, Mat(), 3, false,
    0.04);

// 绘制
RNG rng(12345);
for (size_t t = 0; t < corners.size(); t++) {
    Point pt = corners[t];
    int b = rng.uniform(0, 256);
    int g = rng.uniform(0, 256);
    int r = rng.uniform(0, 256);
    circle(image, pt, 3, Scalar(b, g, r), 2, 8, 0);
}
imshow("shi-tomas 角点检测 ", image);
```

上述代码设置两个角点之间的最小距离为 5 个像素单位，最多可以返回 400 个角点。运行结果如图 9-9 所示。

图 9-9　shi-tomas 角点检测与绘制

9.4 亚像素级别的角点检测

Harris 与 shi-tomas 角点检测函数得到的角点坐标都是整数，但是实际情况可能最大的 *R* 值不是刚好对应一个整数坐标。最大 *R* 值对应的坐标在连续二维空间内可能是浮点数坐标，因此要想得到这个准确的浮点数坐标，还需要对角点整数坐标实现亚像素级别的检测定位。

假设计算出来的角点位置是 *P*(34, 189)，而实际上准确的角点位置是 *P*(34.278, 189.706) 这种浮点数类型的坐标位置，寻找准确的浮点数坐标位置的过程称为子像素定位或者亚像素定位。这一步在 SURF 与 SIFT 算法中都有应用，而且非常重要。常见的亚像素级别精准定位方法共有 3 类：基于插值方法、基于几何矩寻找方法和拟合方法（这种比较常用）。

根据使用的公式不同，拟合方法可以分为高斯曲面拟合和多项式拟合等。下面以高斯曲面拟合为例进行讲解。其计算公式如下：

$$z = \frac{n}{2\Pi\sigma^2}e^{\frac{-\rho^2}{2\sigma^2}}, \text{ 其中 } \rho = \sqrt{(x-x_0)^2 + (y-y_0)^2}$$

其中，x、y 表示周围角点的整数坐标，x_0、y_0 表示要求的亚像素坐标，σ 表示高斯方差，$\frac{n}{2\Pi\sigma^2}$ 为归一化因子。两边取对数即可得到如下公式：

$$\ln z = -\frac{x^2}{2\sigma^2} + \frac{xx_0}{\sigma^2} - \frac{y^2}{2\sigma^2} + \frac{yy_0}{\sigma^2} + n_0$$
$$= n_0 + n_1 x + n_2 y + n_3 x^2 + n_3 y^2$$

其中，n_0、n_1、n_2、n_3 是 4 个未知待求出的参数，x_0 和 y_0 是极值点亚像素坐标。根据窗口 W 的大小可以得到每个角点 $P(x, y)$ 窗口的大小，然后根据得到的一组数据使用最小二乘求得 4 个未知参数以后，可以得到：

$$x_0 = -\frac{n_1}{2n_3}, y_0 = -\frac{n_2}{2n_3}$$

这样就求出了亚像素的位置。使用亚像素位置进行计算得到的结果将会更加准确，图像特征提取和匹配的效果也更显著。OpenCV 实现了角点检测的亚像素级别定位函数，相关函数（API）定义如下：

```
void cv::cornerSubPix(
    nputArray image,              // 输入图像
    InputOutputArray corners,     // 输入整数角点坐标，输出浮点数角点坐标
    Size    winSize,              // 搜索窗口
    Size    zeroZone,             // 停止条件
    TermCriteria criteria
)
```

寻找亚像素位置的过程是一个不断迭代逼近的过程，所以参数 criteria 表示算法的停止条件。实现亚像素定位的代码演示如下：

```
Mat gray;
cvtColor(image, gray, COLOR_BGR2GRAY);
int maxCorners = 400;
double qualityLevel = 0.01;
std::vector<Point2f> corners;
goodFeaturesToTrack(gray, corners, maxCorners, qualityLevel, 5, Mat(), 3, false,
    0.04);

Size winSize = Size(5, 5);
Size zeroZone = Size(-1, -1);
TermCriteria criteria = TermCriteria(TermCriteria::EPS + TermCriteria::COUNT,
    10, 0.001);
```

```
cornerSubPix(gray, corners, winSize, zeroZone, criteria);
for (size_t t = 0; t < corners.size(); t++) {
    printf("refined Corner: %d, x:%.2f, y:%.2f\n", t, corners[t].x, corners[t].y);
}
```

在上述代码中，corners 必须使用浮点数坐标（数据类型为 Point2f），否则调用 cornerSubPix 函数会遇到断言错误。代码运行的结果是在控制台输出一系列的浮点数坐标信息。感兴趣的读者可以自行下载并运行该程序。

9.5 HOG 特征与使用

HOG（Histogram of Oriented Gradient）特征在对象检测与模式匹配中是一种常见的特征提取算法，是基于本地像素块进行特征直方图提取的一种算法，应对局部的变形与光照影响有很好的鲁棒性。HOG 特征于 2005 年提出。作者使用 HOG 提取特征，使用 SVM 对特征进行分类，实现了稳定的行人检测算法。从此，HOG 算法在计算机视觉与模式识别领域得到了越来越多的关注。

9.5.1 HOG 特征描述子

对输入图像进行 HOG 特征提取，输出将是一系列向量数据，这些向量称为该图像对应的 HOG 特征描述子。HOG 特征提取的步骤如下：根据输入的灰度图像计算梯度，然后根据梯度直方图量化输出，最终得到描述子向量数据。HOG 特征提取的完整过程如图 9-10 所示。

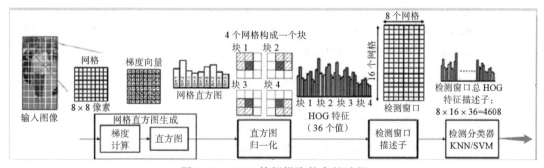

图 9-10　HOG 特征提取的完整过程

从图 9-10 中可以看出，HOG 算法会将输入图像划分为多个网格（Cell），然后根据梯度计算直方图，最后归一化生成描述子。具体实现可以概括为如下几步。

（1）计算图像梯度

计算图像梯度可以使用 Sobel 或者其他一阶导数的梯度算子，完成对输入灰度图像的梯度计算，得到梯度图像。

（2）计算直方图

前文所讲的图像直方图都是基于灰度值（像素值）计算的。这里的直方图则是基于梯度值计算的，直方图的 X 轴方向是通过计算梯度来得到角度。计算角度的公式如下：

$$\theta = \alpha \tan 2(\mathrm{d}y, \mathrm{d}x)$$

其中， θ 是角度， $\mathrm{d}x$ 与 $\mathrm{d}y$ 分别表示 X 轴方向与 Y 轴方向的梯度。

每 20 度为一个 bin，每个 Cell 将得到 9 个 bin 的直方图表示。

（3）块描述子归一化

将 2×2 大小的矩形网格单元组合成一个大的块（Block），每次移动时应保持块有 1/2 部分是重叠区域。将每个块的每个网格的直方图合并为一个大的直方图向量，这样每个块就有 $4 \times 9 = 36$ 个描述子向量。对每个块的描述子进行归一化处理。常见的归一化处理为 $L2$-norm 或者 $L1$-norm，公式如下：

$$L2\text{-norm} = \frac{v}{\sqrt{\|v\|_2^2 + e^2}}, \ \ 其中 \ \|v\|_p = \left(\sum_{i=1}^{n} |v_i|^p\right)^{1/p}$$

$$L1\text{-norm} = \frac{v}{\sqrt{\|v\| + e}}$$

其中， v 表示待归一化的描述子向量， e 是一个取值非常小的常量， n 表示描述子向量的长度， p 表示归一化类型。

（4）描述子生成

将每个块的描述子连接起来就得到了输入图像 HOG 特征描述子，图 9-10 中的 8×16 个网格，通过总计算可以得到 $8 \times 16 \times 36 = 4608$ 个描述子数据。

（5）函数与代码示例

在 OpenCV 中对输入的灰度图像计算 HOG 描述子，主要是通过 HOGDescriptor 类的 compute 方法实现的。该方法的代码实现如下：

```
virtual void cv::HOGDescriptor::compute(
    InputArray img,
    std::vector< float > &  descriptors,
    Size winStride = Size(),
    Size padding = Size(),
    const std::vector< Point > &  locations = std::vector< Point >()
)
```

其中，img 是输入参数，必须是单通道的灰度图像；descriptors 是得到的描述子数据；winStride 是窗口步长，表示块每次移动的步长；padding 表示边缘填充。使用 compute 函数计算生成输入图像的描述子数据的代码实现如下：

```
Mat gray;
cvtColor(image, gray, COLOR_BGR2GRAY);
HOGDescriptor hogDetector;
```

```
std::vector<float> hog_descriptors;
hogDetector.compute(gray, hog_descriptors, Size(8, 8), Size(0, 0));
std::cout << hog_descriptors.size() << std::endl;
for (size_t t = 0; t < hog_descriptors.size(); t++) {
    std::cout << hog_descriptors[t] << std::endl;
}
```

输入图像的大小为 64×128 像素，分为 8×16 个网格，每个网格大小为 8×8 像素，块大小为 2×2 个网格，这样就得到了 $7 \times 15 \times 36 = 3780$ 个特征向量，它们将作为输入图像的 HOG 特征描述子。

9.5.2 HOG 特征行人检测

使用 HOG 特征描述子数据，可以实现数据分类，从而实现对图像的分类，基于类似卷积的滑动窗口，计算每个窗口的 HOG 特征描述子预测分类，就可以实现图像的对象检测。OpenCV 已经实现了基于 HOG 行人特征描述子的检测功能。相关的功能有两个部分：第一部分主要是基于 HOG 特征实现了 SVM 分类的模型，属于模型生成；第二部分主要是通过加载 HOG 特征分类器，基于尺度实现对图像中的行人检测。相关函数定义如下：

```
virtual void cv::HOGDescriptor::detectMultiScale(
InputArray img,
std::vector< Rect > & foundLocations,
double hitThreshold = 0,
Size winStride = Size(),
Size padding = Size(),
double scale = 1.05,
double finalThreshold = 2.0,
bool useMeanshiftGrouping = false
)
```

相关参数的解释如下。

❑ img：表示输入图像。

❑ foundLocations：表示发现对象矩形框。

❑ hitThreshold：表示特征与 SVM 分类超平面之间表示 SVM 距离的阈值，默认值为 0。

❑ winStride：表示窗口步长。

❑ padding：表示填充。

❑ scale：表示尺度空间。

❑ finalThreshold：表示最终阈值，默认值为 2.0。

❑ useMeanshiftGrouping：不建议使用，因为执行速度太慢。

所谓的多尺度检测就是构建不同分辨率的图像，然后分别在不同分辨率的图像上完成对象检测。不同分辨率尺度的图像如图 9-11 所示。

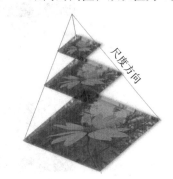

图 9-11 不同分辨率尺度的图像

上面所讲的多尺度检测函数，其尺度 scale 就是采样分辨率的变化尺度。相同的采样窗口大小，在不同的分辨率上进行检测，将会检测到不同分辨率的对象。如果采样的窗口大小也是可变的，则会得到更多不同分辨率的检测窗口。在 OpenCV 中，基于 HOG 特征的行人检测代码如下：

```
HOGDescriptor *hog = new HOGDescriptor();
hog->setSVMDetector(hog->getDefaultPeopleDetector());
vector<Rect> objects;
hog->detectMultiScale(image, objects, 0.0, Size(4, 4), Size(8, 8), 1.25);
for (int i = 0; i < objects.size(); i++) {
    rectangle(image, objects[i], Scalar(0, 0, 255), 2, 8, 0);
}
imshow("HOG 特征行人检测 ", image);
```

在上述代码中，image 是输入图像，objects 是得到的检测框。

9.6 ORB 特征描述子

ORB（Oriented FAST and Rotated BRIEF）是由 OpenCV 实验室于 2011 年开发的一种新的特征提取算法，相比 SIFT 与 SURF，ORB 的一大好处是没有专利限制，可以免费自由使用。ORB 是基于二值化的描述子，特征描述子都具有旋转不变性与噪声抑制效果，因此在匹配与计算速度上都有很大的优势，是一个实时化的特征描述子。ORB 特征描述子提取可以分为两个部分，分别是 FAST 关键点检测与 BRIEF 描述子生成，作者的主要贡献之一是改进与提升了计算生成描述子的速度。

9.6.1 关键点与描述子提取

ORB 通过 FAST 方法实现了关键点提取。通过 FAST 寻找候选特征点的方式是假设灰度图像像素点 A 周围的像素存在连续大于或者小于 A 的灰度值，选择任意一个像素点 P，假设其半径为 3，那么周围 16 个像素的表示如图 9-12 所示。

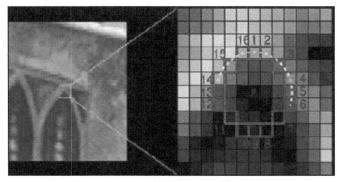

图 9-12 FAST 关键点提取方法示意图

假设存在连续 N 个点满足

$$|I_x - I_p| > t$$

其中，I_p 表示当前像素点 P 的灰度值，I_x 表示邻域像素点 X 的灰度值，t 表示阈值。则像素点 P 将标记为候选特征点，N 的取值通常为 9 或 12，在图 9-12 中 $N = 9$。为了简化计算，我们可以只计算 1、9、5、13 这 4 个点，至少其中 3 个点能够满足上述不等式的条件，即可将 P 视为候选点。对所得到的候选点使用 Harris 角点检测法寻找关键点，基于几何矩计算中心位置，然后计算关键点角度，实现方向的指派。其中计算几何矩的公式如下：

$$m_{pq} = \sum_{x,y} x^p y^q I(x,y)$$

其中，$I(x,y)$ 表示坐标在点 (x,y) 上的像素值，二值图像通常为 1。

p 与 q 之和表示几阶矩，$p + q = 1$ 表示一阶矩 m_{01} 和 m_{10}，依此类推，可以得到如下中心位置：

$$C = \left(\frac{m_{10}}{m_{00}}, \frac{m_{01}}{m_{00}} \right)$$

然后计算角度：

$$\theta = a\tan 2(m_{01}, m_{10})$$

根据角度 θ 可以得到该区域变换矩阵 M，使用矩阵 M 对区域进行旋转变换，从而实现旋转不变性特征提取。

1. 描述子生成

BRIEF 描述子是一个二进制的字符串，所以它具有很快的匹配速度，这里需要为每个关键点寻找方向以实现旋转不变性特征。在旋转之前，一般要对 $S \times S$ 大小的像素块完成模糊操作。作者在论文中基于积分图实现了模糊，实验证明模糊可以有效提高描述子的匹配精度。一个二值的测试定义如下：

$$\tau(P : x, y) := \begin{cases} 1 & p(x) < p(y) \\ 0 & p(x) \geqslant p(y) \end{cases}$$

其中，$p(x)$ 与 $p(y)$ 是像素点 p 在点 (x,y) 处的灰度值，$\tau(P : x, y)$ 是它们的特征码。

基于特征码构建二进制模式特征向量的定义如下：

$$f_n(P) := \sum_{1 \leqslant i \leqslant n} 2^{i-1} \tau(P : x, y)$$

其中，n 的取值通常为 128、256 或 512，得到的二值描述子编码存在大量的重复，作者通过相关性计算去除高相关性或者相似数据之后得到了最终的描述子数据。OpenCV 中 ORB 特征描述子的最终描述子编码转换为了 32 维的 8 位向量。通过相关性计算方式去除重复的方法存在很明显的弊端，所以作者在论文中提出了基于学习的方法来改进描述子的生成，并取得了良好的效果。有了描述子之后，图像就能成功地转换为一系列的向量特征值，它是该图像的唯一表示，因此可以通过特征描述子完成对图像的匹配、拼接对齐、分类和检测等计算机视觉核心任务，本书后续章节将会对此进行详细介绍。这里首先来看一下 OpenCV 中的 ORB 特征相关函数，以及基于 ORB 特征的关键点和描述子的生成及匹配。

2. OpenCV 中的 ORB 函数解释

OpenCV 中的 ORB 特征提取包括关键点和描述子，首先需要创建 ORB 特征提取器，对应的函数及其参数解释如下：

```
static Ptr<ORB> cv::ORB::create  (
    int nfeatures = 500,         // 最大特征数
    float scaleFactor = 1.2f,    // 金字塔尺度
    int nlevels = 8,             // 层数
    int edgeThreshold = 31,      // 边缘与 patchsize 的大小一致
    int firstLevel = 0,          // 原图
    int WTA_K = 2,               // 使用随机点对
    ORB::ScoreType scoreType = ORB::HARRIS_SCORE, // 计算得分排序
    int patchSize = 31,          // 块大小
    int fastThreshold = 20       // 阈值
)
```

创建了 ORB 实例对象之后，再调用 detect 方法就可以得到关键点，该函数的详细信息如下：

```
virtual void cv::Feature2D::detect(
    InputArray image,                    // 图像
    std::vector< KeyPoint > & keypoints, // 关键点
    InputArray mask = noArray()          // 掩膜
)
```

调用 compute 方法即可得到 ORB 的特征描述子，该函数的详细信息如下：

```
virtual void cv::Feature2D::compute   (
    InputArray image,                    // 图像
    std::vector< KeyPoint > & keypoints, // 输入关键点
    OutputArray descriptors              // 得到描述子
)
```

在上述代码中，生成描述子时的参数 keypoints 是它的输入参数。此外，OpenCV 还提供了另外一个函数，即 detectAndCompute。该函数可以一次性同时完成关键点提取与描述子生成。该函数的详细信息如下：

```
virtual void cv::Feature2D::detectAndCompute(
```

```
InputArray image,                        // 输入图像
InputArray mask,
std::vector< KeyPoint > & keypoints,     // 关键点
OutputArray descriptors,                 // 得到描述子
bool useProvidedKeypoints = false        // 默认提取关键点
)
```

在上述代码中，得到的关键点与描述子输出信息分别对应参数 keypoints 和 descriptors。其中，KeyPoint 数据结构有如下 4 个最重要的属性。

- ❑ pt：表示关键点坐标。
- ❑ angle：表示关键点旋转角度 / 方向。
- ❑ response：表示角点响应值。
- ❑ size：表示关键点周围的像素直径，OpenCV 中 ORB 关键点直径默认为 31，与发表的 ORB 论文中的默认值一致。

描述子返回的是一个二维的数组，其中第一个维度是描述子的总数目（应与关键点数目保持一致），第二个维度是每个描述子的长度，OpenCV 中 ORB 描述子是 32 维的向量。

3. ORB 特征关键点检测与绘制示例

ORB 特征关键点检测的示例代码如下：

```
auto orb_detector = ORB::create();
std::vector<KeyPoint> kpts;
orb_detector->detect(image, kpts, Mat());
Mat outImage;
drawKeypoints(image, kpts, outImage, Scalar::all(-1), DrawMatchesFlags::DEFAULT);
imshow("ORB 特征点提取 ", outImage);
```

在上述代码中，drawKeypoints 表示绘制所有的关键点。代码运行结果如图 9-13 所示。

图 9-13　ORB 关键点检测与默认绘制

如果把关键点的绘制属性从 DEFAULT 修改为 DRAW_RICH_KEYPOINTS，那么运行结果就会如图 9-14 所示。

图 9-14　ORB 关键点检测及包括方向与尺度的绘制

图 9-14 显示了每个关键点在原图的覆盖范围与角点方向。

9.6.2　描述子匹配

基于特征描述子，可以实现图像与图像之间的描述子匹配，根据描述子匹配的结果，可以计算两张图像关键点对应区域特征的相似程度，从而实现图像之间的匹配与查找。例如，从一张已知的对象图像中提取描述子，然后使用描述子匹配场景图像描述子，可以实现从场景图像中寻找和发现已知对象。整个过程会涉及如下两个核心问题。

❑ 第一个问题是如何过滤才能得到匹配程度更高的描述子对应的特征点。

❑ 第二个问题是如何根据两张图像中的特征点坐标位置，计算它们的变换矩阵。

本小节将详细解释特征描述子匹配的相关知识点与代码实践。

图像特征描述子本质上是一系列的数值，OpenCV 主要采用两种方法计算描述子的相似度与匹配度，分别是暴力匹配与 FLANN 匹配。在 ORB 特征描述子的匹配阶段，采用基于 FLANN 的 LSH 匹配或者暴力匹配都很高效。这在基于特征匹配的实时图像特征对齐的相关应用中非常有用。

1. 暴力匹配

暴力匹配很简单，就是用已知对象图像的描述子片段，在场景图像描述子中进行全局匹配搜索，计算最小距离，最后返回最相似的描述子匹配，如图 9-15 所示。

在图 9-15 中，第一个描述子（左侧）与全部描述子数据（右侧）计算相似性，最终的黑色粗线表示匹配到的最相似的描述子。OpenCV 中的描述子匹配结果使用 DMatch 数据结构记录，两张图像的描述子匹配返回的是 DMatch 的 std::vector 容器，其中每个 DMatch 表示一个匹配对，其信息包括如下内容。

❑ queryIdx：表示第一个描述子索引。

❑ trainIdx：表示对应匹配的描述子索引。

❑ distance：表示两个描述子相似性的度量，暴力匹配的默认值为 NORM_L2。

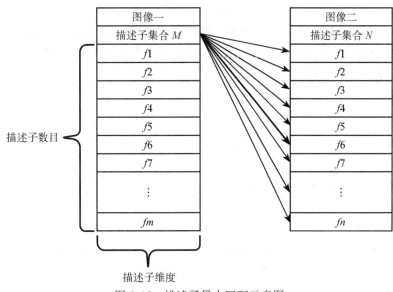

图 9-15　描述子暴力匹配示意图

在 OpenCV 中，在使用暴力匹配之前，首先需要创建暴力匹配器，通过 cv::BFMatcher() 创建即可。相关函数定义如下：

```
static Ptr<BFMatcher> cv::BFMatcher::create    (
    int normType = NORM_L2,
    bool crossCheck = false
)
```

其中：

1）normType 表示计算描述子暴力匹配时采用的计算方法。OpenCV 支持的方法有 NORM_L1、NORM_L2、NORM_HAMMING 和 NORM_HAMMING2。

如果采用 SIFT、SURF 特征描述子匹配，那么优先选择的就是 NORM_L2 或者 NORM_ L1 的计算方法；如果采用 ORB、BRISK、BRIEF 特征描述子匹配，那么优先选择的就是 NORM_HAMMING 的计算方法；如果创建 ORB 特性描述子的 WTA_K = 3 或者 4，那就使用 NORM_HAMMING2 的计算方法。

2）crossCheck 表示是否采用交叉验证，默认值为 false。

创建了暴力匹配器之后，就可以调用它的匹配方法了。OpenCV 支持两种匹配方法，分别是最佳匹配和 KNN 匹配，它们的对应方法分别如下：

```
void cv::DescriptorMatcher::match(
    InputArray queryDescriptors,
    InputArray trainDescriptors,
    std::vector< DMatch > & matches,
    InputArray mask = noArray()
)
```

在上述代码中，前两个参数分别是已知对象描述子和场景图像描述子，matches 表示匹配的结果。

knnMatch 中的参数 k 表示返回前 k 个最佳匹配结果。在绘制 knnMatch 结果的时候，可以直接调用绘制函数 cv::drawMatchesKnn，意思是绘制得到的 k 个匹配，当 k = 2 时表示每个关键点绘制两条匹配线。

```
void cv::DescriptorMatcher::knnMatch (
    InputArray queryDescriptors,
    InputArray trainDescriptors,
    std::vector< std::vector< DMatch > > & matches,
    int k,
    InputArray mask = noArray(),
    bool compactResult = false
)
```

2. FLANN 匹配

FLANN（Fast Library for Approximate Nearest Neighbors）是一个开源的针对高维特征的快速最近邻搜索算法库。FLANN 最早出现在 2009 年，OpenCV 采用了它的库封装接口来实现描述子匹配。它支持各种常见的机器学习算法搜索与匹配，包括 KMeans、KDTree、KNN、多探针 LSH 等。其中对 ORB、BRISK、BRIEF 等二值特征描述子采用的 FLANN 匹配算法是多探针 LSH 的改进算法。LSH 算法的代码实现如下：

```
cv::flann::LshIndexParams::LshIndexParams (
    int table_number,
    int key_size,
    int multi_probe_level
)
```

在上述代码中，table_number 表示使用哈希表的数目；key_size 表示哈希表中 key 的长度；multi_probe_level 表示使用的多探针的级别，当为 0 时，表示采用标准 LSH。

OpenCV 的 FLANN 匹配函数的定义如下：

```
cv::FlannBasedMatcher::FlannBasedMatcher(
    const Ptr< flann::IndexParams > & indexParams = makePtr< flann::
        KDTreeIndexParams >(),
    const Ptr< flann::SearchParams > & searchParams = makePtr< flann::
        SearchParams >()
)
```

在上述代码中，参数 IndexParams 默认取值为 KDTree。

3. 示例代码

本小节的示例代码将分别演示 ORB 特征描述子基于暴力匹配和 FLANN 匹配的方法。ORB 特征描述子的匹配首先需要提取 ORB 特征关键点和特征描述子，这一步是暴力匹配和 FLANN 匹配的前提。然后调用相关的匹配方法实现匹配即可。代码如下：

```
// ORB 特征提取
auto orb_detector = ORB::create();
std::vector<KeyPoint> box_kpts;
std::vector<KeyPoint> scene_kpts;
Mat box_descriptors, scene_descriptors;
orb_detector->detectAndCompute(box, Mat(), box_kpts, box_descriptors);
orb_detector->detectAndCompute(box_in_scene, Mat(), scene_kpts, scene_
    descriptors);

// 暴力匹配
auto bfMatcher = BFMatcher::create(NORM_HAMMING, false);
std::vector<DMatch> matches;
bfMatcher->match(box_descriptors, scene_descriptors, matches);
Mat img_orb_matches;
drawMatches(box, box_kpts, box_in_scene, scene_kpts, matches, img_orb_matches);
imshow("ORB 暴力匹配演示 ", img_orb_matches);

// FLANN 匹配
auto flannMatcher = FlannBasedMatcher(new flann::LshIndexParams(6, 12, 2));
flannMatcher.match(box_descriptors, scene_descriptors, matches);
Mat img_flann_matches;
drawMatches(box, box_kpts, box_in_scene, scene_kpts, matches, img_flann_matches);
imshow("FLANN 匹配演示 ", img_flann_matches);
```

上述代码的运行结果如图 9-16 所示。

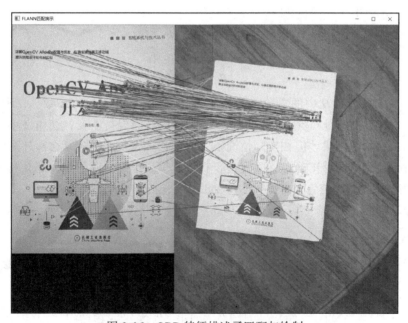

图 9-16   ORB 特征描述子匹配与绘制

在图 9-16 中，左侧是输入图像（引用的是我的前一本书的封面），右侧是场景中的图像，通过 ORB 特征描述子可以实现匹配。

9.7　基于特征的对象检测

前面学习了图像的特征描述子匹配，在匹配之后根据返回的各个 DMatch 中的索引可以得到关键点对，然后拟合生成从对象到场景的变换矩阵 H。根据矩阵 H 可以求得对象在场景中的位置，从而完成基于特征的对象检测。在整个过程中求解对象图像中特征点到场景图像中特征点的变换矩阵 H 的过程可以说是至关重要的。这类变换通常是透视变换，矩阵 H 又称为单应性矩阵。本节将探讨如何计算单应性矩阵 H，以及基于单应性矩阵 H 如何实现基于特征的对象检测。

9.7.1　单应性矩阵计算方法

假设在特征匹配或者对齐的情况下，有两幅图像 image1 与 image2。image1 上有特征点 (x_1, y_1) 可以匹配 image2 上的特征点 (x_2, y_2)，现在需要在两者之间建立一种视图变换关系（透视变换），表示如下：

$$\begin{bmatrix} x_1 \\ y_1 \\ 1 \end{bmatrix} = H \begin{bmatrix} x_2 \\ y_2 \\ 1 \end{bmatrix}$$

其中，H 是一个 3×3 的矩阵：

$$H = \begin{bmatrix} h_{11} & h_{12} & h_{13} \\ h_{21} & h_{22} & h_{23} \\ h_{31} & h_{32} & h_{33} \end{bmatrix}$$

这样为了求出矩阵 H 中的参数，需要将两个点对集合作为输入参数。在理想情况下，通过特征提取得到的特征点在下一帧或者场景图像中将会保持不变，使用最小二乘法即可得到很好的拟合求解结果。但在实际情况下，由于各种因素的影响，会额外产生很多特征点或者干扰点，如果能够正确地剔除这些干扰点，得到正确的匹配点，那么利用正确匹配点计算出矩阵 H 才是比较稳妥的方式。常见的拟合矩阵 H 的方法共有 4 种，下面分别进行简单的解释说明。

1. 最小二乘法

在理想情况下，如果关键点信息能够保持一致，就可以通过最小二乘法直接进行拟合，求得参数，其中求取错误的计算方法如下：

$$\sum_i \left(x_1 - \frac{h_{11}x_2 + h_{12}y_2 + h_{13}}{h_{31}x_2 + h_{32}y_2 + h_{33}} \right) + \left(y_1 - \frac{h_{21}x_2 + h_{22}y_2 + h_{23}}{h_{31}x_2 + h_{32}y_2 + h_{33}} \right)$$

基于过约束方程计算得到预测错误，反向传播不断更新参数，直到两次错误的差值满足要求为止。

2. RANSAC

使用最小二乘法的理想情况是图像中没有噪声污染及像素迁移，而且光线恒定。但是在实际情况下，图像特别容易因为受到光线和噪声干扰而导致像素迁移，从而产生额外的多余描述子匹配，这些点对可以分为 outlier 和 inlier 两大类。基于 RANSAC（Random Sample Consensus）可以很好地过滤掉 outlier 点对，使用合法的点对可以得到最终的变换矩阵 $\boldsymbol{H}$。RANSAC 算法的基本实现思路是，从给定的数据中随机选取一部分进行模型参数计算，然后使用全部点对进行计算结果评价，不断迭代，直到选取的数据计算出来的错误是最小的，比如低于 0.5% 即可，完整的算法步骤如下。

1）选择求解模型要求的最少随机点对。

2）根据选择的随机点对求解 / 拟合模型得到参数。

3）根据模型参数，对所有点对进行评估，并将点对分为 outlier 与 inlier。

4）如果所有 inlier 点对数目超过预定义的阈值，则使用所有 inlier 点对重新评估模型参数，停止迭代。

5）如果不符合条件，则继续循环第 1 ～ 4 步。

迭代次数 N 通常会选择一个比较高的值，OpenCV 中默认的迭代次数为 200，需要确保有一个随机选择点对不会有 outlier 数据。

3. PROSAC

需要注意的是，有时候 RANSAC 方法不会收敛，从而导致图像对齐或者配准失败，主要原因在于 RANSAC 是一种全随机的数据选取方式，完全没有考虑数据质量不同的问题。PROSAC（Progressive Sampling Consensus，渐近样本一致性）是 RANSAC 算法的改进算法。该算法采用半随机方法，对所有点对进行质量评价并计算 Q 值，然后根据 Q 值降序排列，每次只在高质量点对中进行模型假设与验证，这样就大大降低了计算量。在 RANSAC 无法收敛的情况下，PROSAC 依然可以取得良好的效果。OpenCV 中的 RHO 方法就是基于 PROSAC 进行估算的。

4. LMedS

LMedS（最小中值平方）可以看作最小二乘法的改进。因为计算机视觉的输入数据是图像，一般都会包含噪声。在这种情况下，最小二乘法往往无法正确拟合数据，这时采用 LMedS 可以更好地实现拟合，排除 outlier 数据。但 LMedS 是对高斯噪声的敏感算法。它的最主要的实现步骤描述如下。

1）从整个数据集中随机选取很多个子集。

2）根据各个子集的数据计算参数模型。

3）使用计算出来的参数对整个数据集计算中值平方残差。

4）最终最小中值平方残差所对应的参数就是拟合参数。

OpenCV 中的单应性矩阵的发现算法已经实现了对上述提到的 4 种拟合方法的支持，

函数定义如下：

```
Mat cv::findHomography    (
    InputArray srcPoints,
    InputArray dstPoints,
    int method = 0,
    double ransacReprojThreshold = 3,
    OutputArray mask = noArray(),
    const int maxIters = 2000,
    const double confidence = 0.995
)
```

上述代码中的参数解释如下。

❑ srcPoints：特征点集合，一般是来自目标图像。

❑ dstPoints：特征点集合，一般是来自场景图像。

❑ method：表示使用哪种配准方法。主要支持 4 种方法：最小二乘法（值为 0 时）、RANSAC、LMedS、RHO。

❑ ransacReprojThreshold：该参数只有在 method 参数为 RANSAC 或 RHO 时启用，默认值为 3。

❑ mask：掩膜，当 method 方法为 RANSAC 或 LMedS 时可用。

❑ maxIters：最大迭代次数，当使用 RANSAC 方法时可用。

❑ confidence：置信度参数，默认值为 0.995。

9.7.2　特征对象的位置发现

前文中介绍过，通过单应性矩阵 H 的求解，我们可以建立已知对象到场景中对象的变换矩阵。现在有了特征匹配得到的描述子关键点，有了变换矩阵 H，我们可以运用透视变换函数求得场景中对象的 4 个点坐标并绘制出来，从而完成基于特征的对象检测的位置输出。其中，透视变换的函数定义如下：

```
void cv::perspectiveTransform(
    InputArray src,
    OutputArray dst,
    InputArray m
)
```

src 与 dst 分别是输入的点坐标合集和输出的点坐标集合，m 表示变换矩阵 H。

对象检测代码实现如下。首先基于 ORB 特征分别提取已知对象特征描述子与场景图像特征描述子。然后基于 FLANN 或者暴力匹配实现匹配，对匹配结果进行排序，以获取匹配效果好的点对。最后，根据点对调用单应性发现函数，求得变换矩阵 H，根据变换矩阵 H 求得匹配的目标对象位置，并绘制位置框即可。完整的示例代码如下：

```
// ORB 特征提取
auto orb_detector = ORB::create();
```

```
std::vector<KeyPoint> box_kpts;
std::vector<KeyPoint> scene_kpts;
Mat box_descriptors, scene_descriptors;
orb_detector->detectAndCompute(book, Mat(), box_kpts, box_descriptors);
orb_detector->detectAndCompute(book_on_desk, Mat(), scene_kpts, scene_descriptors);

// 暴力匹配
auto bfMatcher = BFMatcher::create(NORM_HAMMING, false);
std::vector<DMatch> matches;
bfMatcher->match(box_descriptors, scene_descriptors, matches);

// 匹配效果好的点对
std::sort(matches.begin(), matches.end());
const int numGoodMatches = matches.size() * 0.15;
matches.erase(matches.begin() + numGoodMatches, matches.end());
Mat img_bf_matches;
drawMatches(book, box_kpts, book_on_desk, scene_kpts, matches, img_bf_matches);
imshow("ORB 暴力匹配演示 ", img_bf_matches);

// 求解单应性矩阵 H
std::vector<Point2f> obj_pts;
std::vector<Point2f> scene_pts;
for (size_t i = 0; i < matches.size(); i++)
{
    // 获取优质匹配的关键点对坐标
    obj_pts.push_back(box_kpts[matches[i].queryIdx].pt);
    scene_pts.push_back(scene_kpts[matches[i].trainIdx].pt);
}

Mat H = findHomography(obj_pts, scene_pts, RANSAC);
std::cout << "RANSAC estimation parameters: \n" << H << std::endl;
std::cout << std::endl;
H = findHomography(obj_pts, scene_pts, RHO);
std::cout << "RHO estimation parameters: \n" << H << std::endl;
std::cout << std::endl;
H = findHomography(obj_pts, scene_pts, LMEDS);
std::cout << "LMEDS estimation parameters: \n" << H << std::endl;

// 根据变换矩阵 H 得到目标点对
std::vector<Point2f> obj_corners(4);
obj_corners[0] = Point(0, 0); obj_corners[1] = Point(book.cols, 0);
obj_corners[2] = Point(book.cols, book.rows); obj_corners[3] = Point(0, book.
    rows);
std::vector<Point2f> scene_corners(4);
perspectiveTransform(obj_corners, scene_corners, H);

// 绘制结果
Mat dst;
line(img_bf_matches, scene_corners[0] + Point2f(book.cols, 0), scene_corners[1]
    + Point2f(book.cols, 0), Scalar(0, 255, 0), 4);
line(img_bf_matches, scene_corners[1] + Point2f(book.cols, 0), scene_corners[2]
    + Point2f(book.cols, 0), Scalar(0, 255, 0), 4);
line(img_bf_matches, scene_corners[2] + Point2f(book.cols, 0), scene_corners[3]
```

```
    + Point2f(book.cols, 0), Scalar(0, 255, 0), 4);
line(img_bf_matches, scene_corners[3] + Point2f(book.cols, 0), scene_corners[0]
    + Point2f(book.cols, 0), Scalar(0, 255, 0), 4);
```

```
// 显示检测到的匹配对象
imshow(" 基于特征匹配的对象检测 ", img_bf_matches);
```

上述代码的运行结果如图 9-17 所示。

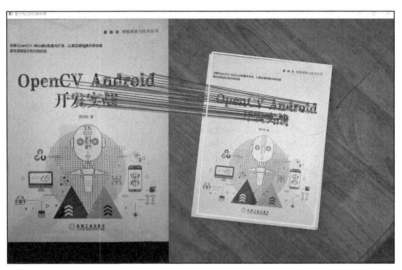

图 9-17　基于特征匹配的对象检测

在图 9-17 中，右侧的矩形框即为得到的匹配对象。

9.8　小结

本章详细介绍了 OpenCV 中的特征提取的相关知识与应用。这是 OpenCV 的核心技术之一，主要涵盖角点检测、关键点提取、描述子生成、描述子匹配、单应性矩阵求解与透视变换等。希望通过本章知识的学习，读者可以掌握从图像到特征向量数据的生成，把特征向量（描述子）作为图像的唯一特征加以应用。

本章学习的 HOG 特征与 ORB 特征都是典型的通过特征提取实现对图像数据化表示的一种方法。利用特征数据可以实现更多不同的视觉任务，包括图像分类、对象检测等。

第 10 章

视 频 分 析

本章主要讲解如何读取视频，如何使用视频进行数据处理，如何实现对视频的背景与前景对象的分析，如何对移动对象的光流与均值迁移进行分析等。这些视频分析手段可用于快速实现对视频中移动对象的提取与跟踪，为后续的处理操作提供良好的基础。下面就来进行本章内容的学习。

10.1 基于颜色的对象跟踪

在视频分析中会经常遇到一类问题，那就是对色块 / 颜色对象的提取与跟踪。解决这类问题通常会采用 OpenCV 二值图像分析方法。对视频中的每一帧图像进行二值分析，可以得到指定的色块区域，接下来分析区域轮廓，绘制轮廓，并计算中心点坐标，保存每一帧得到的色块中心点坐标，可用于进一步绘制色块的移动轨迹。

在进行视频分析时，首先需要初始化视频 VideoCapture 对象，然后加载视频文件或者打开摄像头，具体详情请参见第 1 章的相关内容。本节所讲的基于颜色的对象跟踪是对前面二值图像分析和形态学知识的综合考察与运用。

颜色对象在 HSV 色彩空间会更容易进行区分，所以需要把读取到的视频帧图像转换为 HSV 色彩空间。之后使用 inRange 获取二值图像，并基于二值图像实现二值分析，提取对象轮廓与分析轮廓，最终完成位置信息与中心信息的提取。

下面将要分析的一段视频中，有个绿色光斑，一直在墙壁上不停移动，利用 OpenCV 框架与前面所学习的知识可以实现对绿色光斑的提取与位置信息的跟踪。首先来看一下移动的绿色光斑在视频中的某一帧图像，如图 10-1 所示。

图 10-1　绿光光斑

　　视频分析不但要找到移动的绿色光源点，而且要记录它的中心位置信息，只有这样才可以实现对它标记。示例代码如下：

```cpp
// 加载视频文件
VideoCapture capture;
bool ret = capture.open(videoFilePath);
if (!ret) {
    std::cout << "could not open the video file..." << std::endl;
    return;
}
Mat frame, hsv, mask;
Mat se = getStructuringElement(MORPH_RECT, Size(5, 5), Point(-1, -1));
std::vector<vector<Point>> contours;
vector<Vec4i> hierarchy;
while (true) {
    capture.read(frame);
    if (frame.empty()) {
        break;
    }
    // 读取视频，转换为 HSV 模式，并完成掩膜生成
    cvtColor(frame, hsv, COLOR_BGR2HSV);
    inRange(hsv, Scalar(30, 0, 245), Scalar(180, 10, 255), mask);
    // 进行形态学处理并进行轮廓分析
    morphologyEx(mask, mask, MORPH_CLOSE, se);
    findContours(mask, contours, hierarchy, RETR_EXTERNAL, CHAIN_APPROX_SIMPLE,
        Point());
    for (size_t t = 0; t < contours.size(); t++) {
        Rect box = boundingRect(contours[t]);
        rectangle(frame, box, Scalar(0, 0, 255), 2, 8, 0);
        if (contours[t].size() > 5) {
            RotatedRect rrt = fitEllipse(contours[t]);
            circle(frame, rrt.center, 3, Scalar(255, 0, 255), 2, 8, 0);
        }
    }
    imshow("frame", frame);
    waitKey(1);
}
capture.release();
```

　　上述代码首先会读取加载的视频文件，再循环读取视频中的每一帧，并通过设置 inRange 函数低值为 Scalar(30, 0, 245)、高值为 Scalar（180, 10, 255）获得二值图像，然后用 findContours 提取最外层轮廓，对轮廓求取最大外接矩形和拟合椭圆以得到中心点，这样就完成了整个颜色对象的分析过程。运行结果如图 10-2 所示。

　　由图 10-2 可以看出，矩形是绿色光斑所在的位置，矩形中的小圆是它的中心位置。

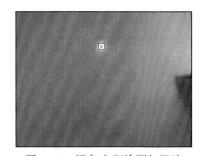

图 10-2　绿色光斑检测与跟踪

注意： 当对色块进行视频分析时，首先需要想到的是转换到 HSV 色彩空间，设置适当的低值与高值区间，提取色块对象。

10.2　视频背景分析

在视频背景分析中，常通过背景分析来提取前景移动对象，得到前景的对象掩膜图像。最常用的背景分析技术就是两帧差法，即用前一帧作为背景图像与当前帧相减。不过这种方法对光照与噪声的影响非常敏感，所以最好的办法是通过对前面的一系列帧提取背景模型，以得到稳定的背景图像，然后与前景图像进行相减操作，从而得到前景对象。其中对背景进行建模，以取得稳定背景图像的技术主要包括高斯混合模型（GMM）背景提取和最近邻（KNN）背景提取。背景提取的视频分析技术如图 10-3 所示。

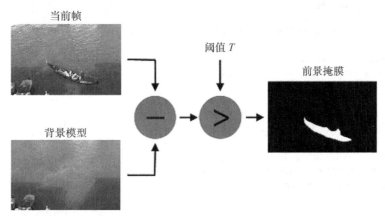

图 10-3　背景提取的视频分析技术（此图引用自 OpenCV 官方教程）

背景模型的建立主要分为以下两个步骤。

1）初始化背景建模。

2）根据当前帧不断更新当前背景模型。

1. 背景提取函数

OpenCV 中的背景提取算法 MOG/MOG2 出自 2001 年的一篇论文" Improved adaptive gaussian mixture model for background subtraction"，它通过构建多个高斯模型（3～5 个）对每个像素完成前景与背景预测，其中阈值计算基于马氏距离。该提取方式对应的函数定义如下：

```
Ptr<BackgroundSubtractorMOG2> cv::createBackgroundSubtractorMOG2(
int  history = 500,
double varThreshold = 16,
bool detectShadows = true
)
```

参数解释如下。

❑ history 表示过往帧数，默认是 500 帧，设置 history = 1 表示用帧差相减法进行背景提取。

❑ varThreshold 表示像素与模型之间方差距离的阈值，用于判定该像素属于前景还是背景，该值越大时，前景像素判定的灵敏度越差；值越小，前景像素判定的灵敏度越好。

❑ detectShadows 表示是否保留阴影检测，取值为 true 或 false，这里建议选择 false，表示不会执行阴影检测，从而可以提升 MOG 算法的执行速度。

2. 背景提取示例代码

下面的示例代码包括了如何创建背景提取 MOG2 对象，以及使用 MOG2 背景提取方法实现背景图像的提取与前景掩膜的生成，此外还基于执行时间实现了视频分析的 FPS 计算，这点在后续的视频分析中会经常用到，通过 FPS 可以看到整个视频分析的实时性能和执行速度。完整的代码实现如下：

```cpp
VideoCapture capture(videoFilePath);

if (!capture.isOpened()) {
    printf("could not open camera...\n");
    return;
}
namedWindow("input", WINDOW_AUTOSIZE);
namedWindow("mask", WINDOW_AUTOSIZE);

// 创建背景，提取 MOG2 对象
Ptr<BackgroundSubtractor> pMOG2 = createBackgroundSubtractorMOG2(500, 1000, false);
Mat frame, mask, back_img;

// 视频背景分析
while (true) {
    const int64 start = getTickCount();
    bool ret = capture.read(frame);
    if (!ret) break;
    // 提取前景
    pMOG2->apply(frame, mask);
    // 提取背景
    pMOG2->getBackgroundImage(back_img);
    // 显示输出
    imshow("input", frame);
    imshow("mask", mask);
    imshow("back ground image", back_img);
    char c = waitKey(1);
    // 计算 FPS
    double fps = cv::getTickFrequency() / (cv::getTickCount() - start);
    std::cout << "FPS : " << fps << std::endl;
    if (c == 27) {
        break;
    }
}
```

这里提取前景掩膜调用的函数是 apply，提取背景调用的函数为 getBackgroundImage。需要特别注意的是，这两个函数存在调用上的先后关系，必须是先调用 apply 再调用 getBackgroundImage 取得背景图像。基于 OpenCV 自带的 vtest.avi 文件的代码测试运行结果如图 10-4 所示。

图 10-4　视频背景提取

在图 10-4 中，左侧是输入视频文件的一帧图像，右侧是对应的前景掩膜图像。

10.3　帧差法背景分析

背景提取与视频背景分析是建立在像素统计与机器学习的相关概念基础之上的。实际上，从图像处理本身出发，基于最简单的像素移动与静止的位移差异，可以得到基于像素分差的前景掩膜对象，从而进行视频移动对象的背景帧差分析。这种方法在视频分析与处理中是很常见的，有时候也会取得意想不到的好效果。

1. 帧差法分类

帧差法又可以进一步划分为两帧差与三帧差。假设有当前帧为 frame，前一帧为 prev1，更前一帧为 prev2，则有以下推断。

1）两帧差：两帧差方法会直接使用前一帧减去当前帧：diff = frame−prev1。

2）三帧差：计算方法如下。

$$diff1 = prev2 - prev1$$
$$diff2 = frame - prev1$$
$$diff = diff1 \ \& \ diff2$$

帧差法在求取帧差之前一般会先进行高斯模糊，以降低干扰，通过得到的 diff 图像进行形态学操作，以用于合并及发现候选区域，提升效率。帧差法的缺点主要有如下两个方面。

❑ 高斯模糊是高耗时计算。

❑ 容易受到噪声与光线的干扰。

2. 帧差法的示例代码

对视频的每一帧，首先采用高斯模糊来抑制噪声，然后通过两帧差法完成前景对象的掩膜生成，最终显示帧差法的运行结果。帧差法的示例代码实现如下：

```
VideoCapture capture(videoFilePath);

if (!capture.isOpened()) {
    printf("could not open camera...\n");
    return;
}
namedWindow("input", WINDOW_AUTOSIZE);
namedWindow("result", WINDOW_AUTOSIZE);

Mat preFrame, preGray;
capture.read(preFrame);
cvtColor(preFrame, preGray, COLOR_BGR2GRAY);
GaussianBlur(preGray, preGray, Size(0, 0), 15);
Mat binary;
Mat frame, gray;
Mat k = getStructuringElement(MORPH_RECT, Size(7, 7), Point(-1, -1));
while (true) {
    bool ret = capture.read(frame);
    if (!ret) break;
    cvtColor(frame, gray, COLOR_BGR2GRAY);
    GaussianBlur(gray, gray, Size(0, 0), 15);
    subtract(gray, preGray, binary);
    threshold(binary, binary, 0, 255, THRESH_BINARY | THRESH_OTSU);
    morphologyEx(binary, binary, MORPH_OPEN, k);
    imshow("input", frame);
    imshow("result", binary);

    gray.copyTo(preGray);
    char c = waitKey(5);
    if (c == 27) {
        break;
    }
}
```

代码运行测试文件同样是基于 vtest.avi 来完成的。读者可以自行运行代码，查看运行结果。

10.4　稀疏光流分析法

光流分析方法又可分为稠密光流分析法和稀疏光流分析法。稀疏光流分析法最早是由 Bruce D. Lucas 和 Takeo Kanade 提出来的，所以该算法又称为 KLT 光流算法。KLT 光流算法在执行时有 3 个假设：亮度恒定、短距离移动、空间一致性。亮度恒定是假设前后两帧中同一个关键点的像素值保持不变；短距离移动是指关键点在两帧之间的位移要小；空间一致性主要是指搜索空间的尺度要保持一致，这里主要是针对金字塔图像空间的不同尺度而言。

1. KLT 光流算法的函数

OpenCV 已经实现了 KLT 光流算法，它的函数定义如下：

```
void cv::calcOpticalFlowPyrLK(
    InputArray prevImg,             // 前一帧图像
    InputArray nextImg,             // 后一帧图像
    InputArray prevPts,             // 前一帧的稀疏光流点
    InputOutputArray nextPts,       // 后一帧的光流点
    OutputArray status,             // 输出状态，1 表示正常保留该点，否则丢弃
    OutputArray err,                // 表示错误
    Size winSize = Size(21, 21),    // 光流法对象窗口大小
    int maxLevel = 3,               // 金字塔层数，0 表示只检测当前图像，不构建金字塔图像
    TermCriteria criteria =
                                    // 窗口搜索时的停止条件
    TermCriteria(TermCriteria::COUNT+TermCriteria::EPS, 30, 0.01),
    int flags = 0,                  // 操作标志
    double minEigThreshold = 1e-4   // 最小特征响应值，如果低于最小值，则不进行处理
)
```

KLT 光流算法初始化光流点是基于图像特征提取得到的关键点，最常用的特征关键点提取方法是 shi-tomas 角点检测法。得到的关键点会作为最初始的第一帧稀疏光流点，然后对视频后续的每一帧进行稀疏光流点预测，并在参数 nextPts 中输出。对 status 与 err 两个参数进行分析，可以得到当前帧的有效光流点。当光流点少于指定的数目时，可以再次提取并添加特征点作为新的光流点，从而保证光流分析的连贯性与可持续性。

2. KLT 光流算法示例代码

KLT 光流算法的代码实现主要可以分为如下几个步骤。

1）读取第一帧，检测关键点，完成初始化，代码实现如下：

```
Mat old_frame, old_gray;
capture.read(old_frame);
cvtColor(old_frame, old_gray, COLOR_BGR2GRAY);
goodFeaturesToTrack(old_gray, featurePoints, maxCorners, qualityLevel, minDistance,
    Mat(), blockSize, useHarrisDetector, k);
initPoints.insert(initPoints.end(), featurePoints.begin(), featurePoints.end());
pts[0].insert(pts[0].end(), featurePoints.begin(), featurePoints.end());
```

2）光流点的状态检查与过滤。首先，调用 KLT 光流算法完成对当前帧的光流分析，遍历从 KLT 光流算法返回的光流点，计算出状态为 1 的光流点在当前帧与前一帧之间的移动距离，只有满足 $dx + dy > 2$ 的条件时（计算公式为 $dx = abs\,(p_1.x - p_2.x)$, $dy = abs\,(p_1.y - p_2.y)$)），才能继续保留与跟踪该光流点。这部分的代码实现如下：

```
// 计算光流
calcOpticalFlowPyrLK(old_gray, gray, pts[0], pts[1], status, err, Size(31, 31), 3,
    criteria, derivlambda, flags);
size_t i, k;
for (i = k = 0; i < pts[1].size(); i++)
{
```

```
            // 测量距离与状态
            double dist = abs(pts[0][i].x - pts[1][i].x) + abs(pts[0][i].y - pts[1][i].y);
            if (status[i] && dist > 2) {
                pts[0][k] = pts[0][i];
                initPoints[k] = initPoints[i];
                pts[1][k++] = pts[1][i];
                circle(frame, pts[1][i], 3, Scalar(0, 255, 0), -1, 8);
            }
        }
        // 重调特征点数组大小
        pts[1].resize(k);
        pts[0].resize(k);
        initPoints.resize(k);
```

3）绘制光流轨迹并更新状态，检查是否需要重新添加关键点。首先，绘制起始点与当前点之间的跟踪线，再更新当前帧与当前光流点作为前一帧，以便继续读取下一帧。其次，检查初始光流点（关键点）的数目，当数目小于指定的阈值 T 时，重新初始化并获取光流点，这部分的代码实现如下：

```
        // 绘制跟踪轨迹
        draw_lines(frame, initPoints, pts[1]);
        imshow("result", frame);
        roi.x = width;
        frame.copyTo(result(roi));
        char c = waitKey(50);
        if (c == 27) {
            break;
        }

        // 更新
        std::swap(pts[1], pts[0]);
        cv::swap(old_gray, gray);

        // 重新初始化跟踪点
        if (initPoints.size() < 40) {
            goodFeaturesToTrack(old_gray, featurePoints, maxCorners, qualityLevel,
                minDistance, Mat(), blockSize, useHarrisDetector, k);
            initPoints.insert(initPoints.end(), featurePoints.begin(), featurePoints.
                end());
            pts[0].insert(pts[0].end(), featurePoints.begin(), featurePoints.end());
            printf("total feature points : %d\n", pts[0].size());
        }
```

其中，绘制关键点与绘制光流轨迹的实现代码分别如下：

```
void draw_goodFeatures(Mat &image, vector<Point2f> goodFeatures) {
    for (size_t t = 0; t < goodFeatures.size(); t++) {
        circle(image, goodFeatures[t], 2, Scalar(0, 255, 0), 2, 8, 0);
    }
}

void draw_lines(Mat &image, vector<Point2f> pt1, vector<Point2f> pt2) {
```

```
    if (color_lut.size() < pt1.size()) {
        for (size_t t = 0; t < pt1.size(); t++) {
            color_lut.push_back(Scalar(rng.uniform(0, 255), rng.uniform(0, 255),
                rng.uniform(0, 255)));
        }
    }
    for (size_t t = 0; t < pt1.size(); t++) {
        line(image, pt1[t], pt2[t], color_lut[t], 2, 8, 0);
    }
}
```

读者可以直接运行示例代码，以获取完整的 KLT 光流算法分析稀疏光流视频的运行结果。这里就不做过多解读了。读者可以基于 vtest.avi 文件，自行运行代码，查看运行结果。

10.5 稠密光流分析法

不同于只把关键点作为光流点实现分析的 KLT 光流算法，稠密光流分析法把每个像素点都作为光流点进行分析。OpenCV 支持稠密光流的视频分析方法是由 Gunner Farneback 于 2003 年提出来的，以下简称 FB 光流法。它的实现方法是：用能量场分析前后两帧的所有像素点的移动距离，其效果要比 KLT 光流算法更好。

Farneback 通过为两帧图像建立二项式评估模型来进行迭代计算，以得到局部最小化移动距离并生成光流子，从而在两个维度方向上完成光流评估。同样，FB 也是基于金字塔空间来完成光流评估的。FB 算法首先会从最低分辨率的图像开始进行分析，直到分析完最高分辨率的图像，不同的分辨率会导致不同的计算开销。总体来说，金字塔层数越多，计算速度越慢。

1. FB 光流算法的函数

OpenCV 中的 FB 函数定义如下：

```
void cv::calcOpticalFlowFarneback(
    InputArray prev,
    InputArray next,
    InputOutputArray flow,
    double pyr_scale,
    int levels,
    int winsize,
    int iterations,
    int poly_n,
    double poly_sigma,
    int flags
)
```

在上述代码中，prev 表示前一帧。next 表示后一帧。flow 表示光流及计算得到的能量场。pyr_scale 表示金字塔缩放比率。levels 表示金字塔层级数目。winsize 表示像素邻域窗口大小。iterations 表示 FB 算法进行多项式评估时的迭代次数。poly_n 表示 FB 光流算法对邻域像素的多项式展开的阶数，阶数越大越模糊越稳定。poly_sigma 表示光流多项式展开时所用的高斯系数，阶数越大，sigma 的值也应该越大，即应适当增大 sigma 的值。

另外，flags 可以取两个值：OPTFLOW_USE_INITIAL_FLOW，表示使用盒子模糊来初始化光流；OPTFLOW_FARNEBACK_GAUSSIAN，表示使用高斯模糊来初始化光流。

2. FB 光流算法示例代码

下面的示例代码首先要把所读取视频的第一帧作为输入，因为本例是关于整个像素点作为光流子的稠密估算，所以最终输出的光流是一个二维的移动能量场，通过对光流进行解析，可以得到那些在两帧中一直在移动的光流子，把光流子转换为 HSV 色彩空间的像素点，构建图像实现光流子显示。代码实现如下：

```cpp
while (true) {
    int64 start = cv::getTickCount();
    bool ret = capture.read(frame);
    if (!ret) break;
    imshow("frame", frame);
    cvtColor(frame, gray, COLOR_BGR2GRAY);
    calcOpticalFlowFarneback(preGray, gray, flow, 0.5, 3, 15, 3, 5, 1.2, 0);
    for (int row = 0; row < flow.rows; row++)
    {
        for (int col = 0; col < flow.cols; col++)
        {
            const Point2f& flow_xy = flow.at<Point2f>(row, col);
            xpts.at<float>(row, col) = flow_xy.x;
            ypts.at<float>(row, col) = flow_xy.y;
        }
    }
    cartToPolar(xpts, ypts, mag, ang);
    ang = ang * 180.0 / CV_PI / 2.0;
    normalize(mag, mag, 0, 255, NORM_MINMAX);
    convertScaleAbs(mag, mag);
    convertScaleAbs(ang, ang);
    mv[0] = ang;
    mv[1] = Scalar(255);
    mv[2] = mag;
    merge(mv, hsv);
    Mat bgr;
    cvtColor(hsv, bgr, COLOR_HSV2BGR);
    double fps = cv::getTickFrequency() / (cv::getTickCount() - start);
    putText(bgr, format("FPS : %.2f", fps), Point(50, 50), FONT_HERSHEY_SIMPLEX,
        1.0, Scalar(0, 0, 255), 2, 8);
    imshow("result", bgr);
    int ch = waitKey(1);
    if (ch == 27) {
        break;
    }
}
```

在上述代码中，输出的光流被解析为两个维度的分量，分别对应于图像的梯度与角度，将梯度与角度转换为平面坐标之后，可以组合为 HSV 色彩图像，然后在转换 RGB 之后予以显示。从运行代码可以看出，FPS 会明显低于稀疏光流算法，因此可以看出，稠密光流的估算方法虽然提高了光流场估算的稳定性，但是因为此计算是基于每个像素点进行的，所以会比较耗时。读者可以运行上述代码所对应的方法来对比运行结果，这里就不再给出运行截图了。

10.6 均值迁移分析

MeanShift 是一种聚类算法，在数据挖掘、图像提取、视频对象跟踪中都有应用。OpenCV 在图像处理模块中使用均值迁移可以实现去噪、边缘保留滤波等操作。在视频分析模块中使用均值迁移算法并结合直方图反向投影算法，可以实现对移动对象的分析，是一种非常稳定的视频移动对象跟踪算法。其核心思想是对反向投影之后的图像进行均值迁移，从而发现密度最高的区域，也就是对象分布最大的区域。图 10-5 展示了均值迁移的原理。

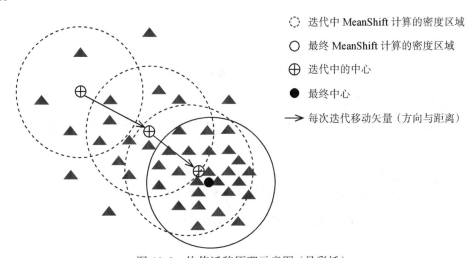

图 10-5 均值迁移原理示意图（见彩插）

中心位置会从初始化的位置，通过计算生成新的中心位置坐标，两个位置的距离就是均值迁移每次移动的步长，移动到新的中心位置之后，再基于新的分布进行中心位置计算，如此不断迭代，直到中心位置处于密度最大分布时为止。

1.OpenCV 均值迁移函数

OpenCV 中的均值迁移分析的实现思路是：利用视频中前景对象的直方图，与视频中的每一帧进行反向投影之后寻找最大分布，进行匹配后得到前景对象新的位置坐标，从而完成对前景对象的跟踪分析。其中的直方图反向投影是关键步骤，最常见的就是把图像从

RGB 色彩空间转换到 HSV 色彩空间，然后基于 H 通道生成直方图，完成基于反向投影的均值迁移分析。OpenCV 中关于均值迁移分析的函数有两个，分别是均值迁移与自适应均值迁移，其中自适应均值迁移相比均值迁移改进的地方如下。

❑ 自适应均值迁移会根据跟踪对象的大小变化自动调整搜索窗口的大小。

❑ 自适应均值迁移返回的位置信息更加完整，包含了位置与角度信息。

两个函数的定义分别如下。

1）均值迁移函数 meanShift：

```
int cv::meanShift(
    InputArray probImage, // 输入图像，是直方图反向投影的结果
    Rect & window,        // 搜索窗口，即 ROI 对象区域
    TermCriteria criteria // 均值迁移停止条件
)
```

2）自适应均值迁移函数 CamShift：

```
RotatedRect cv::CamShift(
    InputArray probImage, // 输入图像，是直方图反向投影的结果
    Rect & window,        // 搜索窗口，即 ROI 对象区域
    TermCriteria criteria // 均值迁移停止条件
)
```

由上述两段代码可以看出，两个函数的输入参数基本一致，在函数返回值方面，CamShift 函数会返回自适应大小的窗口，而 meanShift 函数则不会。

2. 均值迁移分析示例代码

首先读取视频的第一帧，然后调用 selectROI 完成区域选择即可。代码实现如下：

```
Mat frame, hsv, hue, mask, hist, backproj;
bool paused = false;
cap.read(frame);
Rect selection = selectROI("MeanShift Demo", frame, true, false);
```

获取每一帧，转换为 HSV 色彩空间，获得 H 通道：

```
cvtColor(image, hsv, COLOR_BGR2HSV);
inRange(hsv, Scalar(26, 43, 46), Scalar(34, 255, 255), mask);
int ch[] = { 0, 0 };
hue.create(hsv.size(), hsv.depth());
mixChannels(&hsv, 1, &hue, 1, ch, 1);
```

对第一帧，根据选择区域建立搜索窗口，并生成直方图信息：

```
if (trackObject <= 0)
{
    // 建立搜索窗口与 ROI 区域直方图信息
    Mat roi(hue, selection), maskroi(mask, selection);
    calcHist(&roi, 1, 0, maskroi, hist, 1, &hsize, &phranges);
    normalize(hist, hist, 0, 255, NORM_MINMAX);
```

```
        trackWindow = selection;
        trackObject = 1;
}
```

完成对每一帧的直方图反向投影与均值迁移分析：

```
// 反向投影
calcBackProject(&hue, 1, 0, hist, backproj, &phranges);
backproj &= mask;

// 均值迁移
meanShift(backproj, trackWindow, TermCriteria(TermCriteria::EPS | TermCriteria::
    COUNT, 10, 1));
rectangle(image, trackWindow, Scalar(0, 0, 255), 3, LINE_AA);
```

这里的测试视频数据为 balltest.mp4，关于掩膜的生成部分需要特别说明一下，掩膜的生成主要基于选择 ROI 区域的色彩取值范围来决定。完整的代码请参见本书提供的下载地址来获取，读者可以自行运行代码，查看运行结果，这里给出了其中一帧的运行截图，如图 10-6 所示。

图 10-6　视频的均值迁移分析

3. 自适应均值迁移视频分析

上面的代码只要稍加修改就可以支持自适应均值迁移，其返回的将会是一个自适应大小的窗口，只要把上述均值迁移分析的代码修改为如下代码即可：

```
// 完成自适应均值迁移
calcBackProject(&hue, 1, 0, hist, backproj, &phranges);
backproj &= mask;
RotatedRect trackBox = CamShift(backproj, trackWindow,
    TermCriteria(TermCriteria::EPS | TermCriteria::COUNT, 10, 1));
ellipse(image, trackBox, Scalar(0, 0, 255), 3, LINE_AA);
```

上述代码实现的是一个会根据当前对象在每一帧图像中的实际大小自动调整跟踪窗口

大小的自适应均值迁移视频分析方法。关于代码的运行结果，读者可以自己运行查看，这里就不再给出了。

10.7　小结

本章主要介绍了 OpenCV 中常见的视频分析方法，这些方法可以快速简洁地完成背景分析、运动分析、对象分析等。本章对每种视频分析方法都给出了相关函数的详细解释与代码实现步骤，点出了程序实现需要注意的细节，帮助读者更好地厘清了实践环节。此外，本章所涉及的完整代码与相关视频文件可以从本书提供的下载地址直接下载，读者可自己运行与查看结果。

相信通过本章的学习，读者可以更好地掌握本章所讲的这些视频分析方法，针对不同的应用场景，灵活运用所学的知识，做到理论联系实际。

机器学习

OpenCV 中的机器学习模块专门用于对图像数据（特征数据）进行学习分类。本章将详细介绍 OpenCV 机器学习模块中常用的算法及函数使用，以及如何利用它解决相关的实际问题。

本章并不会向大家讲述各种机器学习的原理，并罗列一堆相关的数学公式，而是向大家展示如何使用 OpenCV 中提供的各种机器学习方法。掌握基本方法和原理，了解参数的意义，完成方法的调用，才能提升读者利用机器学习方法解决实际问题的能力。

OpenCV 在机器学习模块中提供了很多机器学习方法，本着从实践到项目应用的目标，我选择介绍常用的 KMeans、KNN、SVM 算法，并展示利用它们完成从数据训练到使用的完整代码。最后给出一个 OpenCV 利用传统方法解决对象检测的经典案例。

11.1 KMeans 分类

KMeans 算法在机器学习、数据挖掘、模式识别、图像分析等领域都有广泛应用。OpenCV 中集成的 KMeans 算法可以完成对数据与图像指定数目的硬分类，以实现图像语义分割、主色彩提取等相关操作。下面就来学习 KMeans 算法在图像上的应用。

11.1.1 KMeans 图像语义分割

如果从分类的角度来看，KMeans 属于硬分类算法，即需要人为指定分类数目。对于给定的数据集合 DS（Data Set）与输入的分类数目 K，KMeans 的整个工作原理可以描述为如下几步。

1）根据输入的分类数目 K 定义 K 个分类，并为每个分类选择一个中心点。

2）对 DS 中的每个数据点进行如下操作。

❑ 计算它与 K 个中心点之间的欧氏距离。

❑ 指定数据点距离 K 个中心点中最近的为其所属分类。

3）计算 K 个分类中每个数据点的平均值，得到新的 K 个中心点。

4）比较新的 K 个中心点与第 1 步中已经存在的 K 个中心点的差值。

❑ 当两者之间的差值没有变化或者小于指定阈值时，结束分类。

❑ 当两者之间的差值或者条件不满足时，用新计算的中心点值作为 K 个分类的新中心点。

❑ 继续执行第 2 ~ 4 步。直到条件满足时退出。

从数学的角度来看，KMeans 就是要找到 K 个分类，而且要满足 K 个分类的中心点到各个分类数据之间的差值平方和最小，而实现这个过程就是要对上述的第 2 ~ 4 步不断地迭代执行，直到收敛为止。公式表示如下：

$$\text{RSS} = \sum_{j=1}^{k} \sum_{i=1}^{n} \| x_i^{(j)} - c_j \|^2$$

其中，$x_i^{(j)}$ 表示第 j 个分类的第 i 个样本，$\| x_i^{(j)} - c_j \|^2$ 表示一个数据点 $x_i^{(j)}$ 到与它对应的分类 K 的中心点 c_j 的距离。以上是 KMeans 算法的基本思想，要想实现或者应用该算法，需要特别注意以下三点。

1）在为初始的 K 个分类选择中心点时，大多数的算法都支持随机选择与人工指定两种方式。OpenCV 中的 KMeans 实现同样也支持这两种方式。

2）需要支持多维数据分类。大多数时候，我们要分类的特征对象的描述数据不止含有一个数据特征，但是需要用一个特征向量来表示。OpenCV 通过构建 Mat 对象实现对多维数据的 KMeans 分类。

3）收敛条件。一般在达到指定的迭代次数，或者两次 RSS 的差值小于给定阈值时，会结束执行分类处理，输出最终分类结果。

1. KMeans 函数

OpenCV 中已经实现了 KMeans 的多维特征数据的聚类分割支持。KMeans 的函数定义如下：

```
double cv::kmeans(
    InputArray data,
    int K,
    InputOutputArray bestLabels,
    TermCriteria criteria,
    int attempts,
    int flags,
    OutputArray centers = noArray()
)
```

data 表示输入的样本数据，必须是按行组织样本，每一行存放一个样本数据。列表示样本的维度。K 表示最终的分类数目。bestLabels 表示 KMeans 输出的所有样本的标签数组。criteria 表示 KMeans 分割的停止条件。attempts 表示采样不同初始化标签的尝试次数。flags 表示中心点初始化方法，当前支持的初始化方法包括如下 3 种。

❑ KMEANS_RANDOM_CENTERS。

❑ KMEANS_PP_CENTERS。

❑ KMEANS_USE_INITIAL_LABELS。

centers 表示最终分割以后的每个 cluster 的中心位置。

2. KMeans 实现图像语义分割示例代码

图像语义分割是计算机视觉领域的热点任务之一，主要目标是根据定义的标签，通过一系列方法实现对图像中每个像素点的标签化，KMeans 就是传统的图像语义分割方法之一。在下列示例代码中，首先对图像按每个像素点构建数据样本，样本向量就是图像像素 RGB 值。然后调用 kmeans 函数完成样本数据分类，并根据分类后每个像素的对应标签值完成对整个图像的颜色映射，最终实现语义分割结果显示。完整的代码实现如下：

```
Scalar colorTab[] = {
    Scalar(0, 0, 255),
    Scalar(0, 255, 0),
    Scalar(255, 0, 0),
    Scalar(0, 255, 255),
    Scalar(255, 0, 255)
};

int width = image.cols;
int height = image.rows;
int dims = image.channels();

// 初始化定义
int sampleCount = width*height;
int clusterCount = 5;
Mat labels;
Mat centers;

// RGB 数据转换到样本数据
Mat sample_data = image.reshape(3, sampleCount);
Mat data;
sample_data.convertTo(data, CV_32F);

// 运行 KMeans 算法
TermCriteria criteria = TermCriteria(TermCriteria::EPS + TermCriteria::COUNT, 10,
    0.1);
kmeans(data, clusterCount, labels, criteria, clusterCount, KMEANS_PP_CENTERS, centers);

// 显示图像分割结果
int index = 0;
Mat result = Mat::zeros(image.size(), image.type());
for (int row = 0; row < height; row++) {
```

```
        for (int col = 0; col < width; col++) {
            index = row*width + col;
            int label = labels.at<int>(index, 0);
            result.at<Vec3b>(row, col)[0] = colorTab[label][0];
            result.at<Vec3b>(row, col)[1] = colorTab[label][1];
            result.at<Vec3b>(row, col)[2] = colorTab[label][2];
        }
    }

    imshow("KMeans 图像语义分割 ", result);
```

上述示例代码首先把输入图像转换为每个像素点的行模式，OpenCV 中 Mat 的 reshape 函数可以实现该功能；其次，调用 KMeans 函数完成对像素数据的标签分类；最后，根据标签查找颜色即可。代码运行的输出结果如图 11-1 所示。

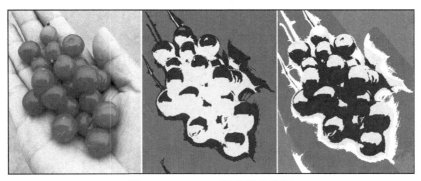

图 11-1　KMeans 图像语义分割

在图 11-1 中，左侧是输入原图，中间是 clusterCount=3 时的分割结果，右侧是 clusterCount=5 时的分割结果。

11.1.2　提取主色彩构建色卡

KMeans 分割会计算每个聚类的中心，中心的像素值是该聚类的平均值，根据 KMeans 分割得到的每个聚类的像素总数与像素均值，转换为百分比表示像素总数，用不同的色彩表示不同的分类，就可以绘制出与图像对应的取色卡。这点在纺织与填色方面特别有用。构建色卡的主要步骤如下。

1）读入图像建立 KMeans 样本。

2）使用 KMeans 图像分割功能，指定分类数目。

3）统计各个聚类占总像素的比率，根据比率建立色卡。

按照上面的步骤，完成色卡建立并生成示例代码，首先对输入图像完成 KMeans 图像分割，根据 KMeans 分割结果生成色卡上对应类别的颜色。代码实现如下：

```
int width = image.cols;
int height = image.rows;
```

```
int dims = image.channels();

// 初始化定义
int sampleCount = width*height;
int clusterCount = 5;
Mat labels;
Mat centers;

// 将图像数据转换到样本数据
Mat sample_data = image.reshape(3, sampleCount);
Mat data;
sample_data.convertTo(data, CV_32F);

// 运行 KMeans 算法
TermCriteria criteria = TermCriteria(TermCriteria::EPS + TermCriteria::COUNT,
    10, 0.1);
kmeans(data, clusterCount, labels, criteria, clusterCount, KMEANS_PP_CENTERS,
    centers);

Mat card = Mat::zeros(Size(width, 50), CV_8UC3);
vector<float> clusters(clusterCount);

// 生成色卡比率
for (int i = 0; i < labels.rows; i++) {
    clusters[labels.at<int>(i, 0)]++;
}
for (int i = 0; i < clusters.size(); i++) {
    clusters[i] = clusters[i] / sampleCount;
}
int x_offset = 0;

// 绘制色卡
for (int x = 0; x < clusterCount; x++) {
    Rect rect;
    rect.x = x_offset;
    rect.y = 0;
    rect.height = 50;
    rect.width = round(clusters[x] * width);
    x_offset += rect.width;
    int b = centers.at<float>(x, 0);
    int g = centers.at<float>(x, 1);
    int r = centers.at<float>(x, 2);
    rectangle(card, rect, Scalar(b, g, r), -1, 8, 0);
}

imshow("生成色卡", card);
```

在上述代码中，色卡的颜色来自每个聚类的中心均值
（RGB 值），比率是每个聚类的像素点与图像总像素的比值，
运行结果如图 11-2 所示。

当 clusterCount=5 时会得到如图 11-2 所示的对应图像
生成的色卡，显示在图最上面的长条部分即为色卡。

图 11-2 从图像建立色卡效果图

11.2 KNN 分类

KNN（K-Nearest Neighbour）是最简单的机器学习算法，也是基于监督学习最简单的分类方法其实现思路主要是基于目标数据与特征空间最佳匹配来实现最终的分类结果预测。KNN 的基本原理如图 11-3 所示。

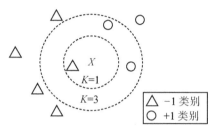

图 11-3　KNN 的基本原理示意图

在图 11-3 中，三角形与圆形分别代表两类样本的特征数据在特征空间的位置映射。现在有新的未知类别样本 X 在特征空间的位置映射（图中 X 所处的位置）。KNN 匹配可以简单地基于特征数据的距离进行匹配。当 K=1 时，最相近的特征是三角形所表示的类别，因此可以预测 X 的类别为 −1 类别。当 K=3 时有 3 个样本的特征数据与 X 最相近，其中两个是 +1 类别，一个是 −1 类别。因此可以预测 X 的类别为 +1 类别。由此可以看出，KNN 通过比较 K 个最近类别，根据投票最多机制决定对未知样本的预测结果，从而实现分类。从上面的例子还可以看出，这里首先假设了已经存在这样一个特征空间映射模型，所以才可以实现对未知样本 X 的预测，但是如何才能获得这样的模型呢？答案是通过训练集数据训练生成。KNN 作为监督学习方法，需要对数据样本分类进行标签化，就像图 11-3 所示的那样，三角形表示的数据样本对应的标签是 −1，圆形表示的数据样本对应的标签是 +1，然后提取数据特征完成从特征到标签的映射，从而得到模型。

11.2.1　KNN 函数支持

OpenCV 中使用的 KNN 算法其实很简单，首先需要创建一个 KNN 对象实例，然后完成训练，保存模型，这样就可以在预测的时候调用 findNearest 方法来完成分类预测了。下面介绍 KNN 算法的两个重要的相关函数。

1）创建 KNN 实例对象：

```
Ptr<KNearest> knn = KNearest::create();
```

2）预测分类：

```
virtual float cv::ml::KNearest::findNearest(
    InputArray samples,
    int k,
```

```
OutputArray results,
OutputArray neighborResponses = noArray(),
OutputArray dist = noArray()
)
```

上述代码中，samples 表示输入未知样本数据。k 表示最近邻的数目。results 表示输入的预测结果。neighborResponses 表示每个样本的前 k 个邻居。dist 表示每个样本排名前 k 的邻居的距离。

11.2.2　KNN 实现手写数字识别

OpenCV 有一张自带的手写数字数据集图像 digits.png，存放在 source/sample/data 路径下，其中 0 ～ 9 每个数字各有 500 个样本，总计有 5000 个数字。图像大小为 1000×2000 像素，分割为了 5000 个 20×20 像素大小的单独的数字图像，每个样本占 400 个像素。把它作为训练数据，使用 KNN 相关 API 实现训练与结果的保存，然后使用一张测试图像完成测试即可。完整的程序可分为如下几步来实现。

1）读入样本图像 digits.png，构建样本数据与标签数据。代码实现如下：

```
Mat gray;
cvtColor(image, gray, COLOR_BGR2GRAY);

// 分割为5000个单独的数字图像
Mat images = Mat::zeros(5000, 400, CV_8UC1);
Mat labels = Mat::zeros(5000, 1, CV_8UC1);

int index = 0;
Rect roi;
roi.x = 0;
roi.height = 1;
roi.width = 400;
for (int row = 0; row < 50; row++) {
    int label = row / 5;
    int offsety = row * 20;
    for (int col = 0; col < 100; col++) {
        int offsetx = col * 20;
        Mat digit = Mat::zeros(Size(20, 20), CV_8UC1);
        for (int sr = 0; sr < 20; sr++) {
            for (int sc = 0; sc < 20; sc++) {
                digit.at<uchar>(sr, sc) = gray.at<uchar>(sr + offsety, sc + offsetx);
            }
        }
        Mat one_row = digit.reshape(1, 1);
        roi.y = index;
        one_row.copyTo(images(roi));
        labels.at<uchar>(index, 0) = label;
        index++;
    }
}
printf("load sample hand-writing data...\n");
```

2）训练并将训练模型保存为输出文件。代码实现如下：

```
// 转换为浮点数
images.convertTo(images, CV_32FC1);
labels.convertTo(labels, CV_32SC1);
printf("load sample hand-writing data...\n");

// 开始 KNN 训练
printf("Start to knn train...\n");
Ptr<ml::KNearest> knn = ml::KNearest::create();
knn->setDefaultK(5);
knn->setIsClassifier(true);
Ptr<ml::TrainData> tdata = ml::TrainData::create(images, ml::ROW_SAMPLE,
    labels);
knn->train(tdata);
knn->save("D:/vcworkspaces/knn_knowledge.yml");
printf("Finished KNN...\n");
```

在上述代码中，KNN 在训练时默认的最近邻数目为 5，组装分类训练数据使用的是 OpenCV 机器学习模块中 TrainData 的通用接口，按行组织样本（即每个样本为单独一行），数据与标签一一对应。

3）使用 KNN 实现分类预测，这里使用创建的两个图像样本完成了测试。对于输入的图像，需要进行一些基本的数据组装与放缩（resize）操作，这里就不再给出了，读者可以自行查看源码。完成数据组装之后，加载训练好的模型文件，得到 KNN 实例对象，调用 findNearest 方法即可完成预测。代码实现如下：

```
// 加载 KNN 分类器
Ptr<ml::KNearest> knn = Algorithm::load<ml::KNearest>("D:/vcworkspaces/knn_
    knowledge.yml");
Mat result;
knn->findNearest(testdata, 5, result);
for (int i = 0; i< result.rows; i++) {
    int predict = result.at<float>(i, 0);
    printf("knn t%d predict : %d, actual label : %d \n", (i + 1), predict,
        testlabels.at<int>(i, 0));
}
```

程序的最终运行结果如图 11-4 所示。

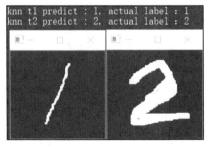

图 11-4　KNN 实现手写数字识别

在图 11-4 中，两幅图像分别是两个数字 1 和 2，图中最上面两行显示的是它们的预测结果，可以看到预测结果是正确的。

11.3 SVM 分类

SVM（Support Vector Machine）是一种很经典的监督学习算法，可用于解决分类和回归问题。SVM 方法更多时候会在分类问题的应用场景中使用，是传统机器学习中解决分类问题的有效方法之一。

11.3.1 SVM 的原理与分类

SVM 算法训练的目标是寻找最好的决策边界，将 N 维的样本空间映射到不同的类别上，新的未知数据就可以根据训练好的 SVM 模型直接进行分类预测了。这个最佳的决策边界是一个超平面，SVM 算法通过将正负样本的极值点/向量作为支持向量来帮助寻找最佳的决策边界，因此该算法也称为支持向量机。图 11-5 显示了在二分类的情况下，SVM 算法是如何工作的。

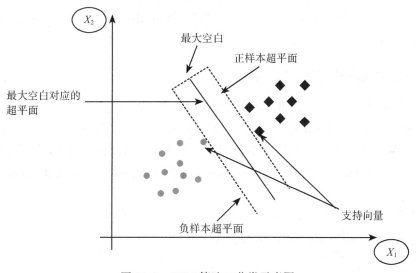

图 11-5　SVM 算法二分类示意图

我们可以采用类似于 KNN 算法的解释来进行说明。矩形块表示正样本映射到特征空间的位置，圆形表示负样本映射到特征空间的位置。样本可能是 N 维的数据，需要通过训练得到最佳决策边界，将后续的新样本数据 X 的 N 维特征映射在正样本中，只要与支持向量进行比较就可以预测它是正样本还是负样本。根据采用的可分类核函数不同，常见的 SVM 算法可以分为如下两类。

   ❑ 线性 SVM，适用于线性可分离数据。

   ❑ 非线性 SVM，适用于非线性可分离数据。

OpenCV 可以通过 SVM 类直接创建 SVM 实例，并设置不同的核函数完成对 SVM 类型的设置，之后就可以训练 SVM 作为一个分类器，实现对未知样本的分类预测。整个流程与 KNN 算法分类的实现非常相似。

11.3.2　SVM 函数

在 OpenCV 中，SVM 函数的接口变动比较大，各个版本也不相同。以 OpenCV4.5.x 版本为例，SVM 的相关函数定义如下：

```
Ptr<ml::SVM> svm = ml::SVM::create();
svm->setGamma(0.02);
svm->setC(0.5);
svm->setKernel(ml::SVM::LINEAR);
svm->setType(ml::SVM::C_SVC);
```

创建一个 SVM 实例，然后设置核函数为线性点乘操作，即线性可分离方式。C_SVC 表示采用支持惩罚系数 C 的支持向量机：C 的值越大，边界越小，对离群样本的容忍越大；C 的值越小，对离群样本的容忍越小，这样训练出来的 SVM 线性模型很容易导致误分类。Gamma 参数只有选择 SVM::POLY、SVM::RBF、SVM::SIGMOID 或者 SVM::CHI2 时才会起作用，默认值是 1。

11.3.3　SVM 实现手写数字识别

这里同样使用了 OpenCV 自带的手写数字数据集图像 digits.png。首先基于 SVM::LINEAR 完成样本学习，并生成 SVM 模型文件。然后加载模型文件，并使用与 11.2 节相同的测试图像测试 SVM 模型。完整的代码与 KNN 实现手写数字训练和识别的代码极其相似。

1）也是制作数据集，这部分代码与 KNN 中制作数据集的代码完全相同，这里不再赘述。

2）创建 SVM 实例，设置好参数，完成训练，代码实现如下：

```
Ptr<ml::SVM> svm = ml::SVM::create();
svm->setGamma(0.02);
svm->setC(0.5);
svm->setKernel(ml::SVM::LINEAR);
svm->setType(ml::SVM::C_SVC);
printf("Starting SVM Model Training...\n");
Ptr<ml::TrainData> tdata = ml::TrainData::create(images, ml::ROW_SAMPLE,
    labels);
svm->train(tdata);
svm->save("D:/vcworkspaces/svm_knowledge.yml");
printf("Finished Training SVM...\n");
```

3）加载训练好的 SVM 模型文件，使用 knn_01.png 和 knn_02.png 作为测试图像，完成前期的预处理和数据样本的组装之后，SVM 模型预测的代码实现如下：

```
// 加载 SVM 分类器
Ptr<ml::SVM> svm = ml::StatModel::load<ml::SVM>("D:/vcworkspaces/svm_knowledge.
    yml");
Mat result;
svm->predict(testdata, result);
for (int i = 0; i < result.rows; i++)
{
    int predict = result.at<float>(i, 0);
    printf("svm t%d predict : %d, actual label : %d \n", (i + 1), predict,
        testlabels.at<int>(i, 0));
}
```

运行结果如图 11-6 所示。

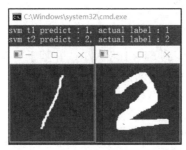

图 11-6　SVM 实现手写数字识别

如果查看程序的完整源码即可发现，对测试数据的预处理采用了一些常见的 OpenCV 操作组合与函数。

SVM 算法本身其实很复杂，但是其基本原理很容易理解，OpenCV 中的函数实现与代码调用也非常简洁，在很多应用场景中都非常有用。

11.4　SVM 与 HOG 实现对象检测

采用图像的像素数据作为特征输入，对手写字符这类简单分类问题有很好的效果。但是对一些复杂对象识别直接使用像素数据作为特征就会面临两个问题：一是像素特征的维度数目会很高，计算开销会很大；二是像素特征不具备稳定性，不是对象的唯一表示数据。这个时候就要用到前面学习的特征提取与描述子的相关知识。本节将基于 HOG 特征描述子，提取样本图像特征，使用 SVM 对特征数据进行分类，基于滑动窗口和金字塔图层实现一个自定义的对象检测案例，这是传统视觉方法解决对象检测问题的经典思路。希望通过这个案例，大家能够更深刻地理解 OpenCV 框架与函数运用的相关知识，提升解决问题的能力。本章使用了自定义的数据集，完成了电表检测，效果如图 11-7 所示。

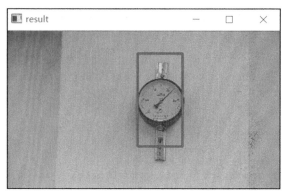

图 11-7　SVM+HOG 电表检测

11.4.1　数据样本特征提取

正样本来自我收集的 10 张电表数据。16 张负样本主要取自不同背景的相似干扰图像。首先完成正负样本的读取，放缩到 64×128 大小，并基于 HOG 特征描述子对所有正负样本数据提取特征描述子。这部分的代码实现如下：

```
// 生成正负样本数据
for (int i = 0; i < images.size(); i++) {
    Mat image = imread(images[i].c_str());
    vector<float> fv;
    get_hog_descripor(image, fv);
    printf("image path : %s, feature data length: %d \n", images[i].c_str(),
        fv.size());
    for (int j = 0; j < fv.size(); j++) {
        trainData.at<float>(i, j) = fv[j];
    }
    labels.at<int>(i, 0) = 1;
}

images.clear();
glob(negative_dir, images);
for (int i = 0; i < images.size(); i++) {
    Mat image = imread(images[i].c_str());
    vector<float> fv;
    get_hog_descriptor(image, fv);
    printf("image path : %s, feature data length: %d \n", images[i].c_str(),
        fv.size());
    for (int j = 0; j < fv.size(); j++) {
        trainData.at<float>(i + pos_num, j) = fv[j];
    }
    labels.at<int>(i + pos_num, 0) = -1;
}
```

在上述代码中，正样本的标签为 +1，负样本的标签为 −1，函数 get_hog_descriptor 实现的是将输入的每张正负样本图像的 resize 设置为 64×128，然后完成对应的 HOG 特征描述子生成。该函数的代码实现如下：

```
HOGDescriptor hog;
int h = image.rows;
int w = image.cols;
float rate = 64.0 / w;
Mat img, gray;
resize(image, img, Size(64, int(rate*h)));
cvtColor(img, gray, COLOR_BGR2GRAY);
Mat result = Mat::zeros(Size(64, 128), CV_8UC1);
result = Scalar(127);
Rect roi;
roi.x = 0;
roi.width = 64;
roi.y = (128 - gray.rows) / 2;
roi.height = gray.rows;
gray.copyTo(result(roi));
hog.compute(result, desc, Size(8, 8), Size(0, 0));
```

在上述代码中，resize 的大小采用等比率转换，保持原来图像的宽高比，对缺失部分进行灰度填充。

11.4.2　SVM 特征分类

采用线性 SVM 分类器对二分类特征向量数据进行样本的分类学习。代码实现如下：

```
// 训练 SVM 进行电表数据分类
printf("\n start SVM training... \n");
Ptr< ml::SVM > svm = ml::SVM::create();
svm->setKernel(ml::SVM::LINEAR);
svm->setC(2.0);
svm->setType(ml::SVM::C_SVC);
svm->train(trainData, ml::ROW_SAMPLE, labels);
clog << "...[done]" << endl;

// 保存训练结果
svm->save("D:/vcworkspaces/svm_hog_elec.yml");
```

训练完成之后保存 SVM 模型文件。

11.4.3　构建 SVM 对象检测器

现在已经有了 SVM 分类数据模型，第 9 章曾提到过在 HOG 中是可以设置 SVM 特征分类器的。只需要把 SVM 特征数据构建成一个特征分类器，作为参数传入 HOG 的检测器中，然后使用 HOG 的多尺度对象检测方法就可以基于自定义的特征数据完成自定义特征对象的检测了。首先从 HOG 中获取 SVM 特征分类检测器。然后加载前一步训练好的 svm_hog_elec.yml 中的支持向量与数据，设置到 SVM 特征分类检测器中。最后把分类器设置给 HOG 对象，调用 detectMultiScale 完成多尺度检测。最后绘制检测对象矩形框即可。这部分的代码实现如下：

```
HOGDescriptor hog;
Ptr<ml::SVM> svm = ml::SVM::load("D:/vcworkspaces/svm_hog_elec.yml");
Mat sv = svm->getSupportVectors();
Mat alpha, svidx;
double rho = svm->getDecisionFunction(0, alpha, svidx);

// 构建检测器
vector<float> svmDetector;
svmDetector.clear();
svmDetector.resize(sv.cols + 1);
for (int j = 0; j < sv.cols; j++) {
svmDetector[j] = -sv.at<float>(0, j);
}
svmDetector[sv.cols] = (float)rho;
hog.setSVMDetector(svmDetector);

vector<Rect> objects;
hog.detectMultiScale(image, objects, 0.1, Size(8, 8), Size(32, 32), 1.25);
for (int i = 0; i < objects.size(); i++) {
    rectangle(image, objects[i], Scalar(0, 0, 255), 2, 8, 0);
}
namedWindow("SVM+HOG 对象检测演示", WINDOW_FREERATIO);
imshow("SVM+HOG 对象检测演示", image);
```

运行上述代码，窗口步长设置为（8, 8）大小，填充设置为（32, 32），尺度分辨率采样值设置为 1.25 时，运行结果如图 11-8 所示。

图 11-8　SVM + HOG 对象检测演示

由图 11-8 可以看出，即使存在一些相似背景干扰，SVM + HOG 的自定义对象检测器仍然可以很好地发现电表对象，实现对象检测。

希望本例能够帮助更多读者打开思路，学会联合使用 OpenCV 中的多个模板函数功能，借助 OpenCV 的现有算法实现，完成自定义对象检测任务。此外，本例只使用了总计不到 30 张的正负样本完成机器学习，就可以实现效果较好的自定义对象检测演示，是一种成本超低又快速的解决方案，非常适合于在项目初始阶段生成演示程序。

11.5 小结

本章主要介绍了 OpenCV 框架在实际开发与使用中经常会用到的几个机器学习算法，以及如何把它们与实际应用场景真正连接起来，完成了从基本原理解释，到函数说明，再到案例代码演示的全过程。本章构思精巧，实现了手写数字识别与自定义对象检测两个经典的计算机视觉案例，让读者在实践中掌握算法使用的各个环节，加深了对基本算法原理的认知。

再次强调一下，源码也是本书内容的一部分，只有动手实践才会发现自己的不足，才能更有针对性地补齐相关知识点，为本书后续知识点的学习打下良好基础。

第 12 章

深度神经网络

本章将学习如何使用 OpenCV 中的深度神经网络模块完成图像分类、对象检测、图像语义分割、人脸检测、场景文字检测等相关视觉任务。通过本章的学习，读者将了解深度学习技术在 OpenCV 框架与开发中的应用。

深度学习在计算机视觉上的应用是近年来的技术热点，相信本章内容会激发读者更大的学习兴趣。

12.1 DNN 概述

从 2014 开始，以卷积神经网络为典型代表的深度学习技术得到了飞速发展与广泛应用，在计算机视觉领域的很多任务中，深度学习各种模型算法的表现已远远地超过了传统算法。OpenCV 在 3.3 版本中正式发布了深度神经网络（Deep Neural Network，DNN）模块，支持通过深度学习模型推理的方式实现图像分类、对象检测、图像语义分割等视觉任务的快速实现与高效开发。

相比 OpenCV 中的传统机器学习模块，深度神经网络模块的工作原理更加容易理解与相对易用，以常见的图像分类为例，假设要对图像实现猫与狗的分类，传统的特征提取加机器学习方法与深度学习方法的流程对比如图 12-1 所示。

如果想要训练一个深度神经网络模型以实现自定义视觉任务，那么 OpenCV 中的 DNN 模块并不适合。但是如果已经训练好了一个图像分类 / 对象检测深度神经网络模型，那么在任何支持 OpenCV 程序运行的板卡 /PC 上加载并推理都是可以的。所以 OpenCV 的 DNN 模块是一个很好的模型部署与推理框架。

我在写作本章内容时，OpenCV 已经发布了 4.5.4 版本，支持最新的 YOLO 5.6.x 版本对象检测模型推理。此外，OpenCV4 的 DNN 模块还支持部署一些有趣的深度神经网络模型，比如风格转换与颜色转换。下面就来探索 DNN 模块的使用吧。

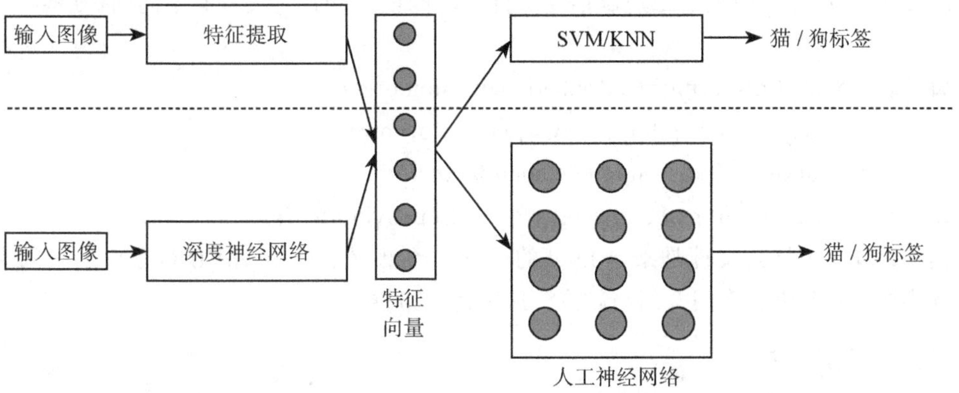

图 12-1　传统机器学习与深度学习方法的图像分类方法比较

12.2　图像分类

DNN 模块支持通过图像分类模型实现对未知图像的类别预测。主流的图像分类预训练模型都是基于 ImageNet 大规模图像竞赛中 1000 个类别的数据集训练生成的。因此基于 OpenCV DNN 模块部署这些模型，就可以支持 1000 个类别的图像分类。OpenCV DNN 使用的模型文件本身可能是由不同的深度学习框架生成的。OpenCV 支持下列深度学习框架生成的模型：Caffe、TensorFlow、Darknet、Torch、ONNX。

OpenCV 支持的图像分类模型包括 AlexNet、GoogLeNet、VGG、ResNet、SqueezeNet、DenseNet、ShuffleNet、Inception、MobileNet。

可以看出，DNN 模块支持主流的深度学习框架的常见图像分类模型部署，特别是引入了 ONNX 通用格式支持，这样就可以把一些其他框架的模型转换为 ONNX 格式，从而在 OpenCV 中获得支持。

下面就来尝试使用 DNN 模块的相关 SDK 函数完成基于 ImageNet 大规模数据集训练生成的 GoogLeNet 模型加载与推理，实现 1000 个类别的图像分类预测示例代码。不同的深度学习框架训练生成模型的权重文件与配置文件格式如下。

1）model：即生成模型，包含以二进制形式训练好的网络权重文件，OpenCV DNN 支持的模型文件的扩展名分别如下。

❑ *.caffemodel（Caffe，http://caffe.berkeleyvision.org/）。

❑ *.pb（TensorFlow，https://www.tensorflow.org/）。

❑ *.t7 | *.net（Torch，http://torch.ch/）。

❑ *.weights（Darknet，https://pjreddie.com/darknet/）。

❑ *.bin（DLDT，https://software.intel.com/openvino-toolkit）。

❏ *.onnx（PyTorch，https://pytorch.org）。

2）config：针对模型的二进制描述文件，不同框架配置的文件有不同的扩展名，具体如下。

❏ *.prototxt（Caffe，http://caffe.berkeleyvision.org/）。

❏ *.pbtxt（TensorFlow，https://www.tensorflow.org/）。

❏ *.cfg（Darknet，https://pjreddie.com/darknet/）。

❏ *.xml（DLDT，https://software.intel.com/openvino-toolkit）。

其中，DLDT 格式文件是来自 Intel 的深度学习部署工具 OpenVINO 生成的中间文件，后续章节将会对其进行专门介绍与讨论，这里暂且略过。

1. 读取模型文件

GoogLeNet 模型是基于 Caffe 框架训练生成的，读取 Caffe 模型文件的相关函数定义如下：

```
Net cv::dnn::readNetFromCaffe(
    const String & prototxt,                  // 表示模型的配置文件
    const String & caffeModel = String() // 表示模型的权重二进制文件
)
```

加载模型之后，还需要把待预测的图像转换为输入数据。该网络的输入是格式为 NCHW 的四维数据，其中 N 表示数目、C 表示图像通道、H 和 W 分别表示图像的高和宽。OpenCV DNN 中实现这个转换的函数定义如下：

```
Mat cv::dnn::blobFromImage(
    InputArray image,
    double scalefactor = 1.0,
    const Size & size = Size(),
    const Scalar & mean = Scalar(),
    bool swapRB = false,
    bool crop = false,
    int ddepth = CV_32F
)
```

在上述代码中，image 表示输入图像。scalefactor 表示是否缩放像素值的取值范围，默认值为 1.0 表示不变。size 表示网络接受的图像的宽和高。mean 表示训练时数据集的均值。swapRB 表示是否互换图像的 Red 与 Blue 通道。crop 表示是否剪切图像。ddepth 表示数据类型，默认是浮点数类型。

注意，blobFromImage 函数是先减去均值再乘以 scalefactor，因此在实际图像预处理时需要特别关注。这些参数的取值与模型在训练时的数据预处理操作相关。可以从 sources\samples\dnn\models.yml 文件中查看 OpenCV DNN 官方支持的模型在将图像转换为四维张量时所支持的参数。

2. 设置模型输入

成功加载模型并将输入图像转换为四维数据之后，就可以设置模型输入数据并进行推

理，相关函数定义如下：

```
void cv::dnn::Net::setInput(
    InputArray blob,
    const String & name = "",
    double scalefactor = 1.0,
    const Scalar & mean = Scalar()
)
```

在上述代码中，blob 是输入数据；name 是与模型输入层对应的名称，默认为空（表示自动解析）；scalefactor 与 mean 是指输入数据是否要乘以 scalefactor，并减去对应的 mean 值。

3. 推理预测

完成网络输入数据的设置之后，下面需要做的就是基于输入数据实现推理预测，得到图像分类标签的输出，然后解析标签即可获得结果。函数 forward 可用于实现网络模型推理并返回预测结果。OpenCV 中针对一个输出层与多个输出层的 forward 函数如下。

1）一个输出层，默认转发到最后一个输出层，返回推理预测结果。代码实现如下：

```
Mat cv::dnn::Net::forward(
    const String & outputName = String()
)
```

2）多个输出层，需要输入参数 outBlobNames 来声明多个输出层名称，然后在 outputBlobs 中返回结果。代码实现如下：

```
void cv::dnn::Net::forward (
    OutputArrayOfArrays  outputBlobs,
    const std::vector< String > & outBlobNames
)
```

现在已经知道了读取模型、输入数据、推理预测相关函数及参数。下面就通过示例代码来说明如何使用这些函数与参数，实现基于 GoogLeNet 模型的图像分类应用程序演示。

4. 示例代码

示例代码实现了从图像分类模型加载、输入设置、推理、后处理的整个流程，代码实现如下：

```
std::string weight_path = model_dir + "googlenet/bvlc_googlenet.caffemodel";
std::string config_path = model_dir + "googlenet/bvlc_googlenet.prototxt";
Net net = readNetFromCaffe(config_path, weight_path);
if (net.empty()) {
    printf("read caffe model data failure...\n");
    return;
}
vector<String> labels = readClassNames();
Mat inputBlob = blobFromImage(image, 1.0, Size(224, 224), Scalar(104, 117, 123), false,
    false);
```

```
// 执行图像分类
Mat prob;
net.setInput(inputBlob);
prob = net.forward();
vector<double> times;
double time = net.getPerfProfile(times);
float ms = (time * 1000) / getTickFrequency();
printf("current inference time : %.2f ms \n", ms);

// 得到最有可能的分类输出
Mat probMat = prob.reshape(1, 1);
Point classNumber;
double classProb;
minMaxLoc(probMat, NULL, &classProb, NULL, &classNumber);
int classidx = classNumber.x;
printf("\n current image classification : %s, possible : %.2f", labels.at(classidx).
    c_str(), classProb);

// 显示文本
putText(image, labels.at(classidx), Point(20, 40), FONT_HERSHEY_SIMPLEX, 1.0, Scalar
    (0, 0, 255), 2, 8);
imshow(" 图像分类演示 ", image);
```

在上述代码中，方法 readClassNames() 是读取图像标签对应的文本信息文件，返回的是标签索引查找表。模型输出为 1×1000 的数组，1 对应图像的数目，1000 对应 1000 个图像分类类别的置信度，置信度取值范围为 [0, 1]，可通过 Mat 对象的 reshape 实现模型预测数据到 Mat 数据的转换。然后使用 minMaxLoc 找到与最大值相对应的索引，并根据索引查找表得到文本标签，显示分类结果。代码运行结果如图 12-2 所示。

图 12-2　图像分类演示

12.3　对象检测

对象检测是计算机视觉的热点应用之一，在很多应用场景中都会用到。OpenCV 中传统的对象检测方法就是基于特征 + 滑动窗口检测的方式完成的。第 11 章已经演示了如何实现一个自定义的对象检测，这里将使用深度神经网络的对象检测模型来实现对象检测任务。DNN 模块官方支持的对象检测模型有 SSD、Faster-RCNN、YOLO 等。本节将针对不同的对象检测模型实现对象检测。

12.3.1 SSD 对象检测

SSD（Single Shot MultiBox Detector）是基于卷积神经网络的对象检测模型，自 2015 年提出以后便得到了广泛的应用。MobileNet-SSD 是 SSD 在 CPU 与移动端设备上使用的版本。本节使用的是基于 Pascal VOC 数据集生成的预训练 MobileNet-SSD 模型。Pascal VOC 数据集是对象检测模型训练的基准数据集之一，标注了常见的 20 种室内场景对象，如人、电视、沙发、杯子等。

1. MobileNet-SSD 模型的输入与输出数据格式

在使用模型时，读入一张图像数据，需要按照模型指定的处理方式完成归一化并缩放到指定大小，然后转换为四维张量，归一化与输入图像默认大小的相关信息如下。

❑ 图像数据 BGR，大小为 300×300 像素。

❑ 归一化为 2/255 = 0.007843。

SSD 对象检测模型推理的输出层是 DetectionOut，输出数据的格式为 $N \times 7$ 格式。N 表示得到的检测对象数目。7 表示每个对象有 7 个描述信息：batchId 表示批次，这里的批次是 0；classId 表示类别，即检测到的对象类别；confidence 表示置信度得分，取值在 0 ～ 1 之间，值越高表示可能性越大；最后 4 个（left、top、right、bottom）表示预测框的左上角与右下角的点坐标。

2. MobileNet-SSD 对象检测示例代码

直接通过 OpenCV DNN 模块读取模型加载，对输入图像实现对象检测的推理预测，解析输出并显示结果。完整的代码实现如下：

```
std::string ssd_config = model_dir + "ssd/MobileNetSSD_deploy.prototxt";
std::string ssd_weight = model_dir + "ssd/MobileNetSSD_deploy.caffemodel";
Net net = readNetFromCaffe(ssd_config, ssd_weight);
net.setPreferableBackend(DNN_BACKEND_OPENCV);
net.setPreferableTarget(DNN_TARGET_CPU);
Mat blobImage = blobFromImage(image, 0.007843,
    Size(300, 300),
    Scalar(127.5, 127.5, 127.5), true, false);
printf("blobImage height : %d, width: %d\n", blobImage.size[2], blobImage.size[3]);

net.setInput(blobImage, "data");
Mat detection = net.forward("detection_out");
vector<double> layersTimings;
double freq = getTickFrequency() / 1000;
double time = net.getPerfProfile(layersTimings) / freq;
printf("execute time : %.2f ms\n", time);
```

```
Mat detectionMat(detection.size[2], detection.size[3], CV_32F, detection.ptr<float>());
float confidence_threshold = 0.5;
for (int i = 0; i < detectionMat.rows; i++) {
    float confidence = detectionMat.at<float>(i, 2);
    if (confidence > confidence_threshold) {
        size_t objIndex = (size_t)(detectionMat.at<float>(i, 1));
        float tl_x = detectionMat.at<float>(i, 3) * image.cols;
        float tl_y = detectionMat.at<float>(i, 4) * image.rows;
        float br_x = detectionMat.at<float>(i, 5) * image.cols;
        float br_y = detectionMat.at<float>(i, 6) * image.rows;

        Rect object_box((int)tl_x, (int)tl_y, (int)(br_x - tl_x), (int)(br_y - tl_y));
        rectangle(image, object_box, Scalar(0, 0, 255), 2, 8, 0);
        putText(image, format(" confidence %.2f, %s", confidence, objNames[objIndex].
            c_str()),
            Point(tl_x - 10, tl_y - 5), FONT_HERSHEY_SIMPLEX, 0.7, Scalar(255, 0, 0),
                2, 8);
    }
}
imshow("SSD 对象检测 ", image);
```

使用测试图像，运行结果如图 12-3 所示。

图 12-3　SSD 对象检测

在图 12-3 中，左侧测试图像来自基准数据集，运行结果显示左侧图中共检测出 3 个对象，分别是狗、自行车和小轿车；右侧测试图像中检测到 1 个对象，类别是人。

12.3.2　Faster-RCNN 对象检测

一个新的两阶段对象检测网络 Faster-RCNN 于 2015 年被提出。它在检测精度方面比 SSD 网络高，但是在实时性能上没有 SSD 网络好。这里使用的是 TensorFlow Object Detection API 框架中提供的基于 COCO 数据集训练生成的 Faster-RCNN 模型。该模型支持 90 种类别的对象检测，覆盖了大多数生活和交通场景中的对象。Faster-RCNN 模型的输入格式和输出格式与 SSD 模型很相似，这里不再赘述。下面着重介绍 OpenCV DNN 模块如何调用 TensorFlow Object Detection API 框架提供的 Faster-RCNN 模型实现对象检测。

1. 使用脚本生成 Faster-RCNN 模型对应的配置文件

根据支持的预训练模型不同，OpenCV DNN 模块提供了不同的脚本来生成对应的模型配置文件：

tf_text_graph_ssd.py、tf_text_graph_mask_rcnn.py 和 tf_text_graph_faster_rcnn.py。它们分别支持生成 SSD、Mask-RCNN 和 Faster-RCNN 模型对应的 pbtxt 配置文件。Faster-RCNN 模型生成对应配置文件的命令行参数格式如下：

```
python tf_text_graph_faster_rcnn.py
--input /path/to/model.pb
--config /path/to/example.config
--output /path/to/graph.pbtxt
```

运行上述代码会生成与模型权重 pb 文件对应的 pbtxt 文件。有了这两个文件之后就可以通过 DNN 模块中的 readNetFromTensorflow 来实现模型加载，设置输入图像完成推理预测并解析输出。

2. Faster-RCNN 示例代码

下面的代码演示了加载 Faster-RCNN 模型，设置输入图像，实现推理预测并解析输出，以及显示运行结果的整个过程，代码实现如下：

```cpp
// 加载 Faster-RCNN 模型
std::string faster_rcnn_config = model_dir + "faster_rcnn/faster-rcnn.pbtxt";
std::string faster_rcnn_weight = model_dir + "faster_rcnn/frozen_inference_graph.
    pb";
Net net = readNetFromTensorflow(faster_rcnn_weight, faster_rcnn_config);
map<int, string> names = readcocoLabels();

// 设置输入图像
Mat blobImage = blobFromImage(image, 1.0,
    Size(800, 600),
    Scalar(0, 0, 0), true, false);
printf("blobImage height : %d, width: %d\n", blobImage.size[2], blobImage.size[3]);
net.setInput(blobImage);

// 推理预测
Mat detection = net.forward();
vector<double> layersTimings;
double freq = getTickFrequency() / 1000;
double time = net.getPerfProfile(layersTimings) / freq;
printf("execute time : %.2f ms\n", time);

// 解析输出
Mat detectionMat(detection.size[2], detection.size[3], CV_32F, detection.ptr<float>());
float confidence_threshold = 0.5;
for (int i = 0; i < detectionMat.rows; i++) {
    float confidence = detectionMat.at<float>(i, 2);
    if (confidence > confidence_threshold) {
        size_t objIndex = (size_t)(detectionMat.at<float>(i, 1));
```

```
        float tl_x = detectionMat.at<float>(i, 3) * image.cols;
        float tl_y = detectionMat.at<float>(i, 4) * image.rows;
        float br_x = detectionMat.at<float>(i, 5) * image.cols;
        float br_y = detectionMat.at<float>(i, 6) * image.rows;

        Rect object_box((int)tl_x, (int)tl_y, (int)(br_x - tl_x), (int)(br_y - tl_y));
        rectangle(image, object_box, Scalar(0, 0, 255), 2, 8, 0);
        map<int, string>::iterator it = names.find(objIndex+1);
        printf("id : %d, display name : %s \n", objIndex + 1, (it->second).c_str());
        putText(image, format(" confidence %.2f, %s", confidence, (it->second).
            c_str()),
            Point(tl_x - 10, tl_y - 5), FONT_HERSHEY_PLAIN, 1.0, Scalar(255, 0, 0),
                1, 8);
    }
}
imshow("Faster-RCNN 对象检测 ", image);
```

在代码实现中，readcocoLabels 方法完成了读取 90 个类别的对象名称并构建索引数组。注意，索引编号是从 1 开始，默认编号 0（表示背景）。所以得到的对象标签 objIndex 应该加 1 之后才能与 labels 匹配。运行上述代码，输出结果如图 12-4 所示。

图 12-4　Faster-RCNN 对象检测输出结果（原图来自测试数据）

12.3.3　YOLO 对象检测

近几年来，YOLO 系列对象检测网络模型不断迭代更新，最新版本已经到了 YOLO 8。

1. 对象检测原理

OpenCV4.5.x 版本支持 YOLO 4、YOLO 5 模型的对象检测。与 SSD 对象检测模型不同，YOLO 4、YOLO 5 模型有多个输出层，因此直接解析出来的输出结果可能会出现多个预测框重叠预测的问题。这时就需要通过非最大抑制实现对多个重叠预测框的去重，得到最优的一个预测框，非最大抑制的基本原理如图 12-5 所示。

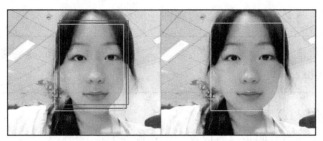

图 12-5　非最大抑制示意图（图像由生成式模型生成）

左侧是原始的检测结果输出，包含了 3 个相互重叠的对象检测框，右侧是经过非最大抑制去重之后得到对象检测框。

OpenCV 的 DNN 模型专门提供了一个函数来完成非最大抑制操作，该函数定义如下：

```
void cv::dnn::NMSBoxes(
    const std::vector< Rect > & bboxes,
    const std::vector< float > & scores,
    const float score_threshold,
    const float nms_threshold,
    std::vector< int > & indices,
    const float eta = 1.f,
    const int top_k = 0
)
```

在上述代码中，bboxes 是预测框。scores 是预测框得分。score_threshold 是预测框得分的阈值，低于该阈值的将自动过滤掉。nms_threshold 是非最大抑制算法使用的过滤阈值；indices 是非最大抑制之后保留下来的 bboxes 对应的索引；剩下的两个参数 eta 和 top_k 分别表示与 nms_threshold 对应的自适应阈值和前 K（大于 0）个保留的阈值。

下面将以 YOLO 4 模型为例来演示在 DNN 模块中如何使用 YOLO 系列网络实现对象检测。由于 YOLO 4 对象检测网络包含多个输出层，所以在调用模型推理预测的时候必须显式声明输出层的名称。OpenCV 提供了一个 API 函数来获取所有的输出层名称，函数定义如下所示：

```
std::vector<String> cv::dnn::Net::getUnconnectedOutLayersNames()const
```

该函数可用于返回所有非连接的输出层。在进行推理预测时，必须通过显式输入参数完成推断，相关 API 函数的定义如下：

```
void cv::dnn::Net::forward(
    OutputArrayOfArrays outputBlobs,
    const std::vector< String > & outBlobNames
)
```

在上述代码中，outputBlobs 是调用之后的输出数据，outBlobNames 是所有输出层的名称。与 SSD / Faster-RCNN 推理输出的结构不一样，YOLO 输出数据格式的前 4 个参数为：[center_x, center_y, width, height]。后面的是该预测框对所有类别的得分（0 ~ 1），寻找最大得分对应的索引。与索引对应对象的类别即预测框对象的类别。

注意： 直接解析出来的多个输出层的结果必须先通过 NMSBoxes 函数完成非最大抑制，以实现对预测框（Boxes）的去重。

---

2. YOLO 4 对象检测代码实现

这个完整的代码稍微有些长，所以这里将它拆分为几个步骤来完成。

1）加载 YOLO 4 网络。

```
// 加载 YOLO 4
Net net = readNetFromDarknet(YOLO 4_config, YOLO 4_model);
std::vector<String> outNames = net.getUnconnectedOutLayersNames();
for (int i = 0; i < outNames.size(); i++) {
    printf("output layer name : %s\n", outNames[i].c_str());
}
```

2）输入图像并进行推理。

```
// 输入图像
Mat inputBlob = blobFromImage(image, 1 / 255.F, Size(416, 416), Scalar(), true, false);
net.setInput(inputBlob);

// 推理
std::vector<Mat> outs;
net.forward(outs, outNames);
```

3）解析与合并各输出层的预测结果。

```
vector<Rect> boxes;
vector<int> classIds;
vector<float> confidences;
for (size_t i = 0; i<outs.size(); ++i)
{
    // 解析与合并各输出层的预测结果
    float* data = (float*)outs[i].data;
    for (int j = 0; j < outs[i].rows; ++j, data += outs[i].cols)
    {
        Mat scores = outs[i].row(j).colRange(5, outs[i].cols);
        Point classIdPoint;
        double confidence;
        minMaxLoc(scores, 0, &confidence, 0, &classIdPoint);
        if (confidence > 0.5)
        {
            int centerX = (int)(data[0] * image.cols);
            int centerY = (int)(data[1] * image.rows);
            int width = (int)(data[2] * image.cols);
            int height = (int)(data[3] * image.rows);
            int left = centerX - width / 2;
            int top = centerY - height / 2;

            classIds.push_back(classIdPoint.x);
```

```
        confidences.push_back((float)confidence);
        boxes.push_back(Rect(left, top, width, height));
    }
  }
}
```

4）非最大抑制与输出结果。

```
// 非最大抑制与输出结果
vector<int> indices;
NMSBoxes(boxes, confidences, 0.5, 0.2, indices);
for (size_t i = 0; i < indices.size(); ++i)
{
    int idx = indices[i];
    Rect box = boxes[idx];
    String className = classNamesVec[classIds[idx]];
    putText(image, className.c_str(), box.tl(), FONT_HERSHEY_SIMPLEX, 1.0,
        Scalar(255, 0, 0), 2, 8);
    rectangle(image, box, Scalar(0, 0, 255), 2, 8, 0);
}
imshow("YOLO 4-Detections", image);
```

运行结果见图 12-4 即可。

12.4　ENet 图像语义分割

2016 年提出的 ENet 实时语义分割模型是基于编码与解码的网络语义分割模型，在 CityScapes、CamVid 和 SUN 等基准数据集上实现了精度与速度的双提高。OpenCV4.x 版本的 DNN 模块支持通过 FCN 与 ENet 模型实现语义分割，但是 FCN 模型的推理速度比较慢，很难在 DNN 实现实时语义分割的推理预测，所以这里将重点介绍 ENet 图像语义分割模型。

这里使用的是基于 CityScapes 数据集训练的支持交通车辆与道路分割的 ENet 图像语义分割模型，实现了交通道路场景下常见的 20 种对象类别的语义分割。模型对输入图像数据的要求可以从 models.yml 文件中查看得到，图像数据格式化的信息如下：

```
mean: [0, 0, 0]  // 减去均值
scale: 0.00392   // 将输入图像归一化到 0~1
width: 512       // 图像宽度
height: 256      // 图像高度
rgb: true        // RGB 通道顺序
```

查看 enet-classes.txt 可以得到支持的类别索引对应的文本信息，该文件位于 OpenCV 开发包的 data/dnn 目录下。模型是基于 Torch 网络训练生成的，模型加载对应的函数如下：

```
Net cv::dnn::readNetFromTorch(
    const String & model, // 表示二进制的权重文件
    bool  isBinary = true // 默认值为 true
)
```

模型推理预测输出的数据格式为：$N \times 20 \times H \times W$。其中，$N=1$ 表示每次输入一张图像；20 是基于 CityScapes 数据集训练的 20 个类别标签；W 和 H 是输入时图像的分辨率（512×256 像素）。可以看成每个像素点预测 20 个类别，在解析输出数据的时候，需要循环每个像素点比较每个通道的预测值，从 20 个通道预测值中找到最大值索引对应的类别（即该像素点的分类文本标签）。最后把 ENet 输出数据转换为 HWC$=256 \times 512 \times 1$，并输出分割图像。

下面来看一个道路分割的代码演示。下面的代码实现了基于 ENet 的道路分割，代码实现如下：

```
// 加载网络
Net net = readNetFromTorch(model_dir + "enet/model-best.net");
net.setPreferableBackend(DNN_BACKEND_OPENCV);
net.setPreferableTarget(DNN_TARGET_CPU);

// 设置输入
Mat blob = blobFromImage(image, 0.00392, Size(512, 256), Scalar(0, 0, 0), true, false);
net.setInput(blob);

// 推理预测
Mat score = net.forward();
std::vector<double> layersTimes;
double freq = getTickFrequency() / 1000;
double t = net.getPerfProfile(layersTimes) / freq;
std::string label = format("Inference time: %.2f ms", t);

// 解析输出与显示
Mat mask = Mat::zeros(256, 512, CV_8UC1);
postENetProcess(score, mask);
resize(mask, mask, image.size());
Mat dst;
addWeighted(image, 0.8, mask, 0.2, 0, dst);
imshow("ENet 道路分割演示 ", dst);
```

在上述代码中，postENetProcess 是对 ENet 预测结果的后处理方法，最终将得到掩膜层的 mask 参数值。mask 与 image 参数相叠加即可得到输出结果，代码运行结果如图 12-6 所示。

图 12-6　ENet 道路分割演示

12.5 风格迁移

图像风格迁移、色彩填充与色彩变换等，严格意义上来说都属于计算机视觉任务中图像处理的分支。它们输入的是图像，输出的也是图像，中间过程实现了输入图像到输出图像内容与风格的转换。深度学习在这类图像处理任务上也取得了良好的效果。OpenCV4 的 DNN 模块支持常见的风格迁移图像转换模型。该模型是李飞飞等人发表的感知损失实时分割迁移与超分辨率相关论文的 Torch 版本的实现，模型的下载地址为：https://github.com/jcjohnson/fast-neural-style。

1. 模型介绍

模型支持任意尺寸的图像输入，输出的是 NCHW 四维数据，其中 N=1 表示单张图像，C=3 表示彩色图像，H 和 W 分别表示图像的高与宽。作者提供了多种预训练的风格迁移模型以供读者使用，这里下载了如下 9 种风格转换的预训练模型：composition_vii.t7、starry_night.t7、la_muse.t7、the_wave.t7、mosaic.t7、the_scream.t7、feathers.t7、candy.t7 和 udnie.t7。

这些模型都是 Torch 框架支持的二进制权重文件，加载模型之后就可以调用 forward 函数得到结果了。对输出结果反向加上均值，归一化到 0 ~ 255（取值空间），即可得到转换后的风格图像，图 12-7 所示的是 9 种变换风格的效果演示。

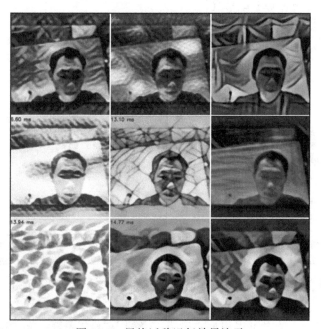

图 12-7　风格迁移运行效果演示

图 12-7 所示的是 9 种风格模型的迁移效果，推理时间因为模型大小的差异而稍有不同。

2. 风格迁移示例代码

示例代码中模型输入的是基于实际图像大小减去像素均值以后，按照 BGR 三个通道的顺序转换得到的四维张量数据。选择一种风格迁移模型，设置输入，调用用于推理的 forward 函数得到迁移后的风格图像。后处理操作包括重新加上像素均值，像素归一化的取值为 0 ~ 1 的浮点数，完整的示例代码如下：

```
Net net = readNetFromTorch(model_dir + "fast_style/candy.t7");
Mat blobImage = blobFromImage(image, 1.0,
    image.size(),
    Scalar(103.939, 116.779, 123.68), false, false);

net.setInput(blobImage);
Mat out = net.forward();
vector<double> layersTimings;
double freq = getTickFrequency() / 1000;
double time = net.getPerfProfile(layersTimings) / freq;
printf("execute time : %.2f ms\n", time);
int ch = out.size[1];
int h = out.size[2];
int w = out.size[3];
Mat result = Mat::zeros(Size(w, h), CV_32FC3);
float* data = out.ptr<float>();

// 解析输出结果为 Mat 对象
for (int c = 0; c < ch; c++) {
    for (int row = 0; row < h; row++) {
        for (int col = 0; col < w; col++) {
            result.at<Vec3f>(row, col)[c] = *data++;
        }
    }
}

// 整合结果输出
printf("channels : %d, height: %d, width: %d \n", ch, h, w);
add(result, Scalar(103.939, 116.779, 123.68), result);
normalize(result, result, 0, 1.0, NORM_MINMAX);

// 中值滤波
medianBlur(result, result, 5);
imshow("风格迁移演示", result);
```

在最后的处理操作中，加上一个中值滤波操作，可以得到更好的效果，基于 candy.t7 模型实现的风格迁移代码运行结果如图 12-8 所示。

在图 12-8 中，左侧是输入图像，右侧是风格迁移的输出图像。读者可以根据自己喜欢的风格选择对应的模型，完成风格迁移变换，打造自己专属的风格迁移应用。

图 12-8　图像 Candy 风格迁移效果

12.6　场景文字检测

在 OpenCV 的 DNN 模块中，旷视科技于 2017 年提出的 EAST（An Efficient and Accurate Scene Text Detector）场景文字检测模型比其他同类模型在 ICDAR 2015 数据集上的表现优异。

EAST 模型是一个全卷积神经网络（FCN），它会预测每个像素是否为文本像素。对比之前的一些卷积神经网络，EAST 模型剔除了区域候选、文本格式化等操作，实现过程简洁明了。后续操作只需要根据阈值进行过滤以及通过非最大抑制得到最终的文本区域即可。EAST 模型的下载链接如下：https://www.dropbox.com/s/r2ingd0l3zt8hxs/frozen_east_text_detection.tar.gz?dl=1。

下载好模型文件之后，接下来通过 OpenCV DNN 的 readNet 函数实现模型加载，该函数的定义如下：

```
Net cv::dnn::readNet(
const String & model,          // 模型
const String & config = "",    // 配置文件，默认为空
const String & framework = "" // 框架，默认为空，根据模型决定
)
```

加载完模型之后，下面简单解释一下模型输入与输出层的数据格式。该模型的输出层数据共有两个，分别是 Score 和 RBox，其中，Score 表示每个场景文字区域的得分或者置信度；RBox 就是 OpenCV 中的旋转矩形，会得到 4 个点坐标，然后绘制 4 条直线。

下面的代码演示了基于 EAST 模型的场景文字检测的实现过程。对于输出的场景文字检测框，示例代码使用非最大抑制完成去重得到最终的检测结果。代码实现如下：

```
// 加载网络
Net net = readNet(model_dir + "east/frozen_east_text_detection.pb");

std::vector<Mat> outs;
std::vector<std::string> outNames = net.getUnconnectedOutLayersNames();
for (int i = 0; i < outNames.size(); i++) {
    printf("output layer name : %s\n", outNames[i].c_str());
}

Mat blob;
blobFromImage(image, blob, 1.0, Size(inpWidth, inpHeight), Scalar(123.68, 116.78,
    103.94), true, false);
net.setInput(blob);
net.forward(outs, outNames);

Mat geometry = outs[0]; // RBOX
Mat scores = outs[1];   // Scores

// 解析输出
std::vector<RotatedRect> boxes;
std::vector<float> confidences;
decode(scores, geometry, confThreshold, boxes, confidences);
```

```
// 非最大抑制
std::vector<int> indices;
NMSBoxes(boxes, confidences, confThreshold, nmsThreshold, indices);

// 绘制检测框
Point2f ratio((float)image.cols / inpWidth, (float)image.rows / inpHeight);
for (size_t i = 0; i < indices.size(); ++i)
{
    RotatedRect& box = boxes[indices[i]];

    Point2f vertices[4];
    box.points(vertices);
    for (int j = 0; j < 4; ++j)
    {
        vertices[j].x *= ratio.x;
        vertices[j].y *= ratio.y;
    }
    for (int j = 0; j < 4; ++j)
        line(image, vertices[j], vertices[(j + 1) % 4], Scalar(255, 0, 0), 2);
}

// 显示信息
std::vector<double> layersTimes;
double freq = getTickFrequency() / 1000;
double t = net.getPerfProfile(layersTimes) / freq;
std::string label = format("Inference time: %.2f ms", t);
putText(image, label, Point(0, 15), FONT_HERSHEY_SIMPLEX, 0.5, Scalar(0, 255,
    0));
imshow(" 场景文字检测 ", image);
```

在上述代码中，decode 方法实现了对输出结果的解析，得到了输出框与每个框的置信度的得分。该方法的相关代码实现读者可以自行查阅本章对应代码。在测试图像上的运行结果如图 12-9 所示。

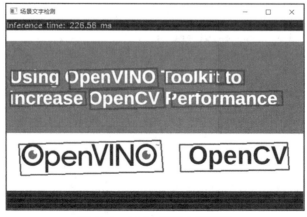

图 12-9　EAST 场景文字检测

图 12-9 中的矩形框就是 EAST 模型检测到的场景文字区域。

12.7 人脸检测

OpenCV 在 DNN 模块中发布了基于残差网络的 SSD 人脸检测模型,其中两个预训练人脸检测模型分别是基于 Caffe 和 TensorFlow 框架生成的。此外 OpenCV 还提供了基于深度学习的人脸检测训练方法指导。运行 OpenCV4.5.x 中包含的脚本 samples/dnn/download_models.py 就可以下载这两个模型权重文件。有了人脸检测的模型权重文件之后,就可以基于 DNN 模块的相关函数完成调用,从而实现人脸检测功能。

1. 人脸检测模型介绍

OpenCV DNN 模块中的人脸检测模型都是经过了量化与小型化处理的,模型只有几 MB 大小。在 CPU 上的运行速度最高可以超过 100 FPS,同时支持对遮挡、俯仰视角、角度倾斜、弱光线等场景下人脸的稳定性检测。下面就来演示如何通过 OpenCV 实现人脸检测。其中人脸模型的输入是 NCHW 格式的四维张量,将 image 转为 blob 时的相关参数如下:

```
model: "opencv_face_detector. caffemodel"
config: "opencv_face_detector. prototxt"
mean: [104, 177, 123]
scale: 1.0
width: 300
height: 300
rgb: false
sample: "object_detection"
```

这些参数来自 models.yml 模型格式说明文件,读者可以自行查看。相关参数的含义这里不再赘述。

2. 图像人脸检测示例代码

首先加载模型,读入一张图像作为模型输入,用 forward 函数实现模型推理,模型结果的后处理与 SSD 对象检测模型推理的后处理相似,完整的示例代码如下:

```
Net net;
if (tf) {
    net = cv::dnn::readNetFromTensorflow(tf_weight, tf_config);
}
else {
    net = cv::dnn::readNetFromCaffe(caffe_config, caffe_weight);
}
int h = image.rows;
int w = image.cols;
cv::Mat inputBlob = cv::dnn::blobFromImage(image, 1.0, cv::Size(300, 300),
    Scalar(104.0, 177.0, 123.0), false, false);

net.setInput(inputBlob, "data");
cv::Mat detection = net.forward("detection_out");
```

```
cv::Mat detectionMat(detection.size[2], detection.size[3], CV_32F, detection.
    ptr<float>());
for (int i = 0; i < detectionMat.rows; i++)
{
    float confidence = detectionMat.at<float>(i, 2);

    if (confidence > 0.5)
    {
        int x1 = static_cast<int>(detectionMat.at<float>(i, 3) * w);
        int y1 = static_cast<int>(detectionMat.at<float>(i, 4) * h);
        int x2 = static_cast<int>(detectionMat.at<float>(i, 5) * w);
        int y2 = static_cast<int>(detectionMat.at<float>(i, 6) * h);

        cv::rectangle(image, cv::Point(x1, y1), cv::Point(x2, y2), cv::Scalar(0,
            255, 0),
            2, 8);
    }
}
imshow(" 人脸检测演示 ", image);
```

在上述代码中，**tf** 表示是否使用 **tf** 模型，如果是 false 就使用 Caffe 的人脸检测模型。模型的输入层名称是 **data**，输出层名称是 detection_out，注意，还可以直接写成默认调用 net.forward()。代码运行结果见图 12-10。

3. 实时人脸检测

对上述代码稍作修改，就可以得到一个基于摄像头的实时人脸检测应用程序，代码如下：

```
VideoCapture capture(0);
Mat frame;
while (true) {
    bool ret = capture.read(frame);
    if (frame.empty()) {
        break;
    }
    face_detect(frame, net);
    char c = waitKey(1);
    if (c == 27) {
        break;
    }
}
```

在上述代码中，face_detect 函数会完成对视频的每一帧图像的人脸检测及显示，相关代码请参见本章对应部分的代码源文件。这里需要注意的是，加载网络只需要初始调用一次，然后对每一帧图像循环调用 forward 函数即可完成推理预测，最后解析得到预测结果。图 12-10 所示的是基于图像的人脸检测代码运行的输出结果，读者可以自行替换并运行，以查看检测结果。

图 12-10　人脸检测演示

12.8　小结

本章详细讲解了 OpenCV DNN 支持的模型解析与前向推理相关函数，实现了常见的计算机视觉任务如图像分类、对象检测、图像语义分割、风格迁移、人脸检测、场景文字检测等。

一些模型通过 OpenCV DNN 模块加载后，前向推理的速度距离实时性能的要求还有一定的差距，后续将会有专门的章节来介绍与演示 OpenCV DNN 加速的相关知识与应用，这里就不再展开表述了。希望读者在学习本章内容的同时，能够重点了解一下本章提到的网络模型相关知识，因为这样有助于加深对本章内容的认知与理解。

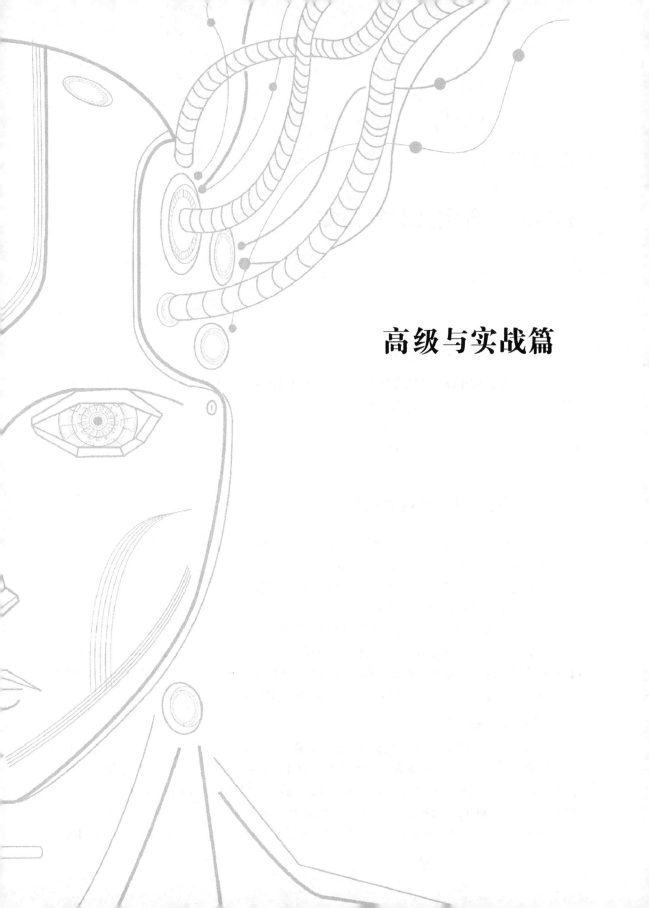

高级与实战篇

第 13 章

YOLO 5 自定义对象检测

本章将基于 YOLO 5 对象检测框架与 OpenCV DNN 模块实现自定义对象模型训练和部署推理，完成一个真实的对象检测案例。

本章将会尽量避免一些非必要的原理说明，借助 YOLO 5 对象检测框架努力做到零代码实现模型的训练与导出，从而帮助读者提升 OpenCV 应用开发水平。

13.1 YOLO 5 对象检测框架

YOLO 5 对象检测框架是在 PyTorch 深度学习框架的基础上构建的，具有如下特点。
- ❑ 支持不同图像分辨率的输入，如 640×640 像素、1280×1280 像素。
- ❑ 满足不同的深度与宽度 Backbone 网络的精度要求。
- ❑ 零代码实现训练与模型导出。
- ❑ 支持导出不同的格式以部署到不同的推理平台。

在 YOLO 5 的模型名称中，5n 表示微小模型、5s 表示小模型、5m 表示中等模型、5l 表示大模型、5x 表示最大一级的 YOLO 5 模型。名称最后还带有 6（如 YOLO 5n 6）的表示是第 6 版的模型，第 6 版模型的输入支持 1280×1280 像素的分辨率。

1. YOLO 5 的安装

推荐读者在有 GPU 的台式机或者笔记本电脑上学习本章，因为本章涉及 YOLO 5 模型训练的相关内容，对计算资源有一定的要求。YOLO 5 的安装是在 GPU 硬件支持的条件下实现的，下面以 Windows 10 系统为例进行讲解。首先，需要下载 YOLO 5 的安装包，地址如下：https://github.com/ultralytics/YOLO 5/releases/tag/v6.1。

下载 YOLO 5 的 6.x 版本，然后解压到本地目录，打开 cmd 命令行窗口，切换到解压缩后的 YOLO 5 目录，使用下面的命令运行安装，如图 13-1 所示。

图 13-1　安装 YOLO 5 的命令

在图 13-1 中，requirements.txt 是一次性依赖包文件，运行该文件就会自动安装 YOLO 5 依赖的全部包与库，运行后即可完成 YOLO 5 的安装。

2. YOLO 5 运行测试

安装好 YOLO 5 之后，在运行测试之前，先介绍一下 YOLO 5 中的 3 个最重要的 Python 文件及其命令行参数。这 3 个文件位于 YOLO 5 工程的根目录下，作用如表 13-1 所示。

表 13-1　文件作用

文件名称	作用
detect.py	推理与检测
export.py	模型导出支持
train.py	自定义数据模型训练

运行 detect.py 就可以实现图像、视频流与视频文件的 YOLO 5 模型推理演示，相关的参数如下：

```
python detect.py --source 0  # webcam
    img.jpg  # image
    vid.mp4  # video
    screen  # screenshot
    path/  # directory
    'path/*.jpg'  # glob
```

在上述代码中，--source 表示测试数据源可以是图像、摄像头视频、文件夹、视频文件等。下面使用自带的测试图像运行命令行：

```
python detect.py --source data/images/zidane.jpg
```

运行完成之后即可在当前目录下的 runs\detect 中查看检测结果。

13.2　YOLO 5 对象检测

回顾第 12 章中的相关知识，结合 YOLO 5 框架的导出功能，即可实现从 YOLO 5 预训练模型导出 ONNX 格式的模型文件，然后基于 OpenCV DNN 模块实现部署与推理，最终完成 YOLO 5 对象检测。

1. ONNX 格式的模型文件导出

OpenCV DNN 对 YOLO 5 推理的直接支持是从 OpenCV4.5.4 版本开始的，而且 YOLO

5 支持直接导出 ONNX 格式的模型文件，导出脚本如下：

```
python export.py --weights YOLO 5s.pt --include torchscript onnx
```

导出的 ONNX 格式文件是同名的 YOLO 5s.onnx。

OpenCV DNN 加载 YOLO 5 模型并实现推理的前提是，明确 YOLO 5 模型的输入层与输出层格式。下面查看 ONNX 格式文件，显示的输入信息与输出信息分别如图 13-2 所示。

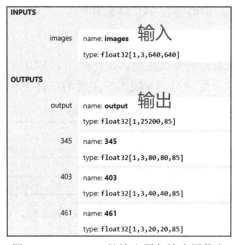

图 13-2　YOLO 5 的输入层与输出层信息

从图 13-2 中可以看出，输入格式是 $1 \times 3 \times 640 \times 640$，输出层有 4 个。但是实际上只需要解析 output 层的内容即可。output 层显示的每一行包含 85 个数值，前面 5 个数值分别是 cx、cy、w、h、score，后面的 80 个数值是 MSCOCO 数据集每个类别的预测值。当使用自定义数据训练时，假设类别数目是 N，则最后的 output 层输出格式为 $1 \times 25200 \times N$。

2. YOLO 5 对象检测示例代码

YOLO 5 的 OpenCV DNN 推理实现与第 12 章的 SSD 对象检测模型实现非常相似，同样分为模型加载、图像预处理、模型推理与后处理等。YOLO 5 推理与 SSD 推理最大的不同之处在于后处理部分。后处理部分主要是解析输出浮点数数组（$1 \times 25200 \times 85$）。其中，25200 是图 13-2 中 345、403、461 三层叠加计算出来的预测数目。不同层的预测结果可能会存在重复，所以后处理部分包含非最大抑制。YOLO 5 对象检测模型推理示例代码中几个关键部分的解释与说明如下：图像预处理操作首先会把图像的宽高转换为相同大小，不足的部分会在右下角填充为黑色，然后通过 blobFromImage 函数将图像转换为 $1 \times 3 \times 640 \times 640$ 的浮点数输入数据。代码如下：

```
// 图像预处理中的格式化操作
int w = frame.cols;
int h = frame.rows;
int _max = std::max(h, w);
```

```
cv::Mat image = cv::Mat::zeros(cv::Size(_max, _max), CV_8UC3);
cv::Rect roi(0, 0, w, h);
frame.copyTo(image(roi));

float x_factor = image.cols / 640.0f;
float y_factor = image.rows / 640.0f;

// 推理
cv::Mat blob = cv::dnn::blobFromImage(image, 1 / 255.0,
    cv::Size(640, 640), cv::Scalar(0, 0, 0), true, false);
```

3. 后处理解析与显示

后处理主要完成两项任务：一是解析输出预测框、置信度和类别索引；二是非最大抑制去重之后的预测框与类别信息的绘制与显示。代码实现如下：

```
// 后处理解析后输出的 1×25200×85 数组数据
cv::Mat det_output(preds.size[1], preds.size[2], CV_32F, preds.ptr<float>());
float confidence_threshold = 0.5;
std::vector<cv::Rect> boxes;
std::vector<int> classIds;
std::vector<float> confidences;
for (int i = 0; i < det_output.rows; i++) {
    float confidence = det_output.at<float>(i, 4);
    if (confidence < 0.25) {
        continue;
    }
    cv::Mat classes_scores = det_output.row(i).colRange(5, preds.size[2]);
    cv::Point classIdPoint;
    double score;
    minMaxLoc(classes_scores, 0, &score, 0, &classIdPoint);

    // 置信度范围是 0 ~ 1
    if (score > 0.25)
    {
        float cx = det_output.at<float>(i, 0);
        float cy = det_output.at<float>(i, 1);
        float ow = det_output.at<float>(i, 2);
        float oh = det_output.at<float>(i, 3);
        int x = static_cast<int>((cx - 0.5 * ow) * x_factor);
        int y = static_cast<int>((cy - 0.5 * oh) * y_factor);
        int width = static_cast<int>(ow * x_factor);
        int height = static_cast<int>(oh * y_factor);
        cv::Rect box;
        box.x = x;
        box.y = y;
        box.width = width;
        box.height = height;

        boxes.push_back(box);
        classIds.push_back(classIdPoint.x);
        confidences.push_back(score);
    }
```

```
}

// 非最大抑制去重
std::vector<int> indexes;
cv::dnn::NMSBoxes(boxes, confidences, 0.25, 0.50, indexes);
for (size_t i = 0; i < indexes.size(); i++) {
    int index = indexes[i];
    int idx = classIds[index];
    cv::rectangle(frame, boxes[index], colors[idx % 5], 2, 8);
    cv::rectangle(frame, cv::Point(boxes[index].tl().x, boxes[index].tl().y - 20),
        cv::Point(boxes[index].br().x, boxes[index].tl().y), cv::Scalar(255,
            255, 255), -1);
    cv::putText(frame, class_names[idx], cv::Point(boxes[index].tl().x,
        boxes[index].tl().y - 10), cv::FONT_HERSHEY_SIMPLEX, .5, cv::Scalar(0, 0,
        0));
}
```

代码运行结果如图 13-3 所示。

图 13-3　OpenCV DNN + YOLO 5 推理结果

13.3　自定义对象检测

在深度学习自定义对象检测模型迁移学习领域，我认为 YOLO 5 是工程化应用中最完善、最稳定的开源框架。特别是它支持多种格式的模型文件导出功能，导出的 ONNX 格式模型文件可以无缝对接到 OpenCV、OpenVINO、ONNX Runtime 和 TensorRT 等主流推理框架中，部署到云端的各种计算设备上，从而实现设备智能化。

YOLO 5 对象检测框架除了提供预训练模型支持直接部署推理之外，还支持自定义数据集训练实现自定义对象检测，它在很多工程项目中都有应用。因此 YOLO 5 自定义对象检测训练与部署是 OpenCV 开发者的技能之一，掌握该技能有助于提升 OpenCV 开发者在职场上的竞争力，满足时代发展需求。本节将分三个部分来说明 YOLO 5 自定义对象检测，分别是自定义数据集制作与生成、模型训练与查看损失曲线、模型导出与部署。

13.3.1　数据集制作与生成

在深度学习对象检测训练中，不同的场景需要使用不同的数据集才能完成训练。已知的对象检测公开数据集主要有 COCO 数据集与 Pascal VOC 数据集。针对特定的应用场景，采集高质量的数据集并进行清洗与标注是模型训练前最重要的准备工作之一。本节将介绍一个高质量的超多类别的开源数据集 OID（Open Image Dataset）。该数据集有超过 600 个对象检测类别的标注数据，累计 100 多万张对象检测图像的数据。该数据集支持根据类别名称通过脚本下载指定类别的标注数据。标注数据包括训练集、验证集和测试集。下面就以其中的动物分类下的骆驼与大象两个类别为例，来说明如何下载数据集，完成对象检测数据集的准备工作。首先，需要安装 OID 工具，安装命令如下：

```
git clone https://github.com/EscVM/OIDv4_ToolKit
pip install -r requirements.txt
```

先把 OID 工具集项目克隆到本地，然后安装好全部依赖，就完成 OID 工具的安装了。

1. 下载数据集

下载数据集的操作过程非常简单，打开命令行窗口，切换到本地克隆的 OID 工具项目目录下，分别运行下面几条命令即可实现数据集的下载：

```
python main.py downloader --classes Camel Elephant --type_csv train
python main.py downloader --classes Camel Elephant --type_csv validation
python main.py downloader --classes Camel Elephant --type_csv test
```

运行过程中遇到的所有选项都输入 y 即可，然后分别生成 train、validation 和 test 三个文件夹，里面都有 Camel 和 Elephant 两个子目录。除了图像数据之外，子目录 Camel 和 Elephant 里面还有一个 Label 文件夹，Label 文件里面存放的是与图像同名的 txt 标注文件。

2. 转换为 YOLO 5 格式

根据标注信息的 txt 文件，使用相关的 Python 脚本（可从本章源码文件夹中获取）就可以生成 YOLO 5 格式的训练数据集了。首先在 YOLO 5 工程文件夹下创建下面的目录结构，如图 13-4 所示。

在图 13-4 中，custom_dataset_name 可以根据需要自行修改，dataset.yaml 是数据集的配置文件，其他均为文件夹。创建好之后，打开脚本文件修改 train_label_dir 和 valid_label_dir 目录，分别指向图 13-4 中创建的 labels/train 和 labels/valid，下面是我本机

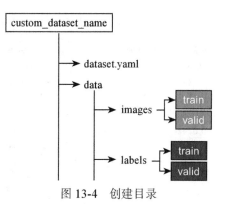

图 13-4　创建目录

的修改命令示例：

```
D:\python\YOLO 5-6.1\camel_elephant_training\data\labels\train
D:\python\YOLO 5-6.1\camel_elephant_training\data\labels\valid
```

然后，直接运行脚本即可生成对应的 YOLO 5 格式的训练标注文件。接下来把通过 OID 工具下载的 Elephant 和 Camel 图像数据分别复制到对应的 images/train 与 images/valid 文件夹中，然后在新建好的 dataset.yaml 文件中输入如下内容：

```
// 训练与验证数据集
train: camel_elephant_training/data/images/train/
val: camel_elephant_training/data/images/valid/

// 类别数目
nc: 2

// 类别名称
names: ['Elephant', 'Camel']
```

在上述代码中，nc:2 表示共有两个类别，路径分别指向图像训练集与验证集文件夹，这样就完成了数据准备工作。

13.3.2　模型训练与查看损失曲线

准备好数据之后，可以根据需要选择不同的预训练模型来进行模型迁移学习训练，这里选择 YOLO 5s 的模型进行迁移学习。下面使用如下命令行参数开启训练：

```
python train.py --img 640 --batch_size 1 --epochs 35 \
--data camel_elephant_training/dataset.yaml \
--weights yolov5s.pt
```

在上述代码中，batch_size 表示批次，其取值取决于 GPU 显存的大小，作者的笔记本电脑显存不够，所以取值为 1。epochs 参数表示轮次，在数据集包含 2000 张左右的图像时，轮次数设置在 25 ~ 35 之间比较合适。data 参数指向数据集的 yaml 文件。weights（权重参数）用于设置预训练模型的权重文件，这里是 yolov5s.pt。训练时产生的损失曲线如图 13-5 所示。

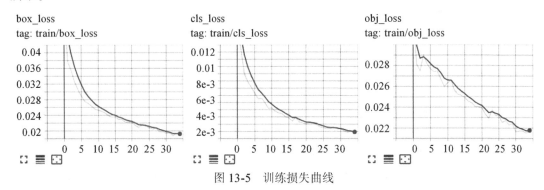

图 13-5　训练损失曲线

训练完成时会保存一个精度最好的模型和一个最后生成的模型。推理部署时应选择精度最好的模型，精度最好的模型的默认名称是 best.pt，训练完成时控制台输出的信息如图 13-6 所示。

```
35 epochs completed in 2.881 hours.
Optimizer stripped from runs\train\exp2\weights\last.pt, 14.4MB
Optimizer stripped from runs\train\exp2\weights\best.pt, 14.4MB

Validating runs\train\exp2\weights\best.pt...
Fusing layers...
Model Summary: 213 layers, 7015519 parameters, 0 gradients, 15.8 GFLOPs
                Class     Images     Labels          P          R     mAP@.5  mAP@.5:.95: 100%          29/29
                  all         58         86      0.874       0.81      0.891      0.626
             Elephant         58         56      0.822      0.786      0.837      0.582
                Camel         58         30      0.926      0.833      0.945       0.67
Results saved to runs\train\exp2
```

图 13-6　训练完成时控制台输出的信息

在验证数据集上，综合 mAP(0.5) 接近 0.9，说明训练效果非常好。

13.3.3　模型导出与部署

从图 13-6 中可以看到，首先需要获取 best 模型目录，再到相关目录下把模型复制到 YOLO 5 工程文件夹下面，然后运行下面的模型导出命令行：

```
python export.py --weights best.pt --include torchscript onnx
```

运行该命令行导出 ONNX 格式的自定义检测模型信息，如图 13-7 所示。

```
Export complete (3.40s)
Results saved to D:\python\yolov5-6.1
Detect:          python detect.py --weights best.onnx
PyTorch Hub:     model = torch.hub.load('ultralytics/yolov5', 'custom', 'best.onnx')
Validate:        python val.py --weights best.onnx
Visualize:       https://netron.app
```

图 13-7　导出 ONNX 格式的自定义检测模型

我从云南亚洲象北上的新闻报道中截取了一张图像，然后基于 13.2 节的内容完成 YOLO 5 推理的代码实现，运行测试的结果如图 13-8 所示。

图 13-8　自定义对象检测（测试 1）

一张骆驼的图像通过模型测试后的结果如图 13-9 所示。

图 13-9　自定义对象检测（测试 2）

这样就实现了 camel 和 elephant 自定义对象检测模型的部署与推理，代码实现过程与 13.2 节所讲的内容基本相同，只是需要传入自定义对象检测训练并生成导出 ONNX 格式的模型文件。

本节通过一个完整的 YOLO 5 自定义对象检测示例，介绍了基于 YOLO 5 框架自定义对象检测的数据准备与格式转换、模型训练、模型导出与推理，实现了零代码对象检测模型的训练。

13.4　小结

本章详细介绍了 YOLO 5 对象检测框架与 OpenCV DNN 模块的集成使用，从模型训练、导出到推理部署的各个环节和操作步骤。读者将掌握使用 YOLO 5 对象检测框架实现模型训练，然后导出模型并在 OpenCV DNN 中完成推理，最后完成自定义对象检测的整个流程。

本章内容的背后其实隐藏了很多深度学习相关的理论与知识，虽然我在这里巧妙避开了它们，而以工程化的方式演示了深度学习对象检测的完整流程，以帮助读者快速掌握对象检测模型训练的实践技能，但是这些理论和知识，仍需要读者进一步探索，只有这样才能更好地理解与掌握本章内容。

第 14 章

缺陷检测

机器视觉是使用各种工业相机，结合传感器和电气信号，替代传统人工完成对象识别、计数、测量、缺陷检测、引导定位及抓取等任务。其中，工业品的缺陷检测极大地依赖人工完成，特别是传统的 3C 制造环节，产品缺陷检测主要依赖于人眼发现与识别，不仅费时费力还会受到人员成本和工作时间等因素的制约。使用机器视觉来实现产品的缺陷检测，可以节约大量时间和人工成本，实现生产过程的自动化与流水线作业。

当前工业缺陷检测算法主要分为如下两个方向：传统的视觉算法和基于深度学习的算法。传统的视觉算法主要依赖于对检测目标的特征进行量化，比如颜色、形状、长宽、角度、面积等。好处是可解释性强，对样本数量没有要求，运行速度快。缺点是依赖于固定的光照成像，稍有改动就要改写程序并重新部署，而且开发者的经验会对检测规则和算法起主导作用。基于深度学习的缺陷检测算法刚好能够弥补前者的不足之处，能够很好地适应不同的光照，更好地匹配同类缺陷，缺点是该算法对样本数量有一定的要求，对硬件配置的要求也比传统视觉算法高。本章将通过具体案例详细介绍基于 OpenCV 实现传统方式的缺陷检测和基于深度学习的缺陷检测。

14.1 简单背景下的缺陷检测

要进行缺陷检测自然要熟知缺陷的一些相关特性常见的缺陷包括有亮点、黑点、划痕、破损、污渍等，这里以纺织物和薄膜行业的实践举例说明。

1. 亮点与黑点

从字面意义上就可以了解这两种缺陷的相关特性。一般而言，选择一个合适的阈值分割参数 t，就能将这两种缺陷分别检测出来，使用 OpenCV 实现缺陷检测的处理步骤具体如下。

1）对原图像进行平滑处理。

2）选择一个较高的分割阈值 t，在平滑图像中将亮点分割出来。

3）选择一个较低的分割阈值 s，在平滑图像中将黑点分割出来。

4）对分割之后的图像进行轮廓分析，找出检测产品中可能存在的缺陷。

2. 划痕

有别于亮点和黑点，单靠阈值分割很难检测出划痕，常见的处理方法与步骤如下。

1）对原图进行高斯平滑处理，这里的高斯核一般会比较大，常用的取值范围为 15 ~ 35。

2）将平滑处理后的图像与原图相减。

3）选择一个较低的分割阈值，对相减后的图像进行分割。

4）对分割后的图像进行轮廓分析。

破损、污渍等的检测方法很难一概而论，大多要视具体情况而定。从图像梯度变化上看，破损和污渍在梯度变化上或许没有亮点与黑点那么剧烈，但通过分析局部直方图或者局部图像梯度变化，还是可以得到候选的缺陷区域。此外，针对一些特征表现不明显的缺陷，可以合理使用一些图像增强算法将缺陷凸显出来，之后使用相关的图像处理操作提取缺陷。常用的缺陷图像增强算法有频域增强、小波增强、局部自适应直方图增强、背景评估加分水岭分割等。

3. 斑点分析的示例代码

下面通过代码演示简单的斑点分析处理方法，这里主要是基于 OpenCV 中的图像二值分析相关方法。斑点分析的代码实现如下：

```
Mat binaryDark, binaryLight, blurMat;
blur(image, blurMat, Size(3, 3));
threshold(blurMat, binaryDark, 100, 255, THRESH_BINARY_INV);
threshold(blurMat, binaryLight, 200, 255, THRESH_BINARY);
Mat result;
add(binaryDark, binaryLight, result);
imshow("Blob斑点分析", result);
```

代码运行结果如图 14-1 所示。

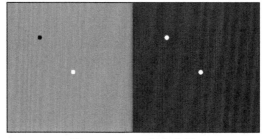

图 14-1　Blob 斑点分析

在图 14-1 中，左侧是输入的原图，右侧是简单的斑点分析的输出结果。

4. 简单划痕检测的示例代码

简单的划痕检测主要是通过灰度图像差分以后的二值分析和轮廓分析来实现划痕的提取与发现，代码如下：

```
// 二值处理
Mat gray;
cvtColor(image, gray, COLOR_BGR2GRAY);
cv::Mat imagemean, diff, binary;
blur(gray, imagemean, Size(13, 13));
subtract(imagemean, gray, diff);
threshold(diff, binary, 5, 255, THRESH_BINARY_INV);

// 轮廓发现
vector<vector<Point>> contours;
vector<Vec4i> hierarchy;
bitwise_not(binary, binary);
findContours(binary, contours, hierarchy, cv::RETR_TREE, cv::CHAIN_APPROX_
    SIMPLE, Point(0, 0));

// 轮廓分析 + 阈值分析
Mat result = Mat::zeros(gray.size(), CV_8U);
for (int i = 0; i < contours.size(); i++) {
    Moments moms = moments(Mat(contours[i]));
    double area = moms.m00;
    if (area > 20 && area < 1000) {
        drawContours(result, contours, i, Scalar(255), FILLED, 8, hierarchy, 0,
            Point());
    }
}
imshow("简单划痕分析", result);
```

代码运行结果如图 14-2 所示。

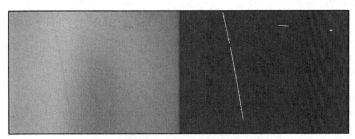

图 14-2 基于二值分析的划痕检测

在图 14-2 中，左侧是输入的简单划痕图像，右侧是检测到的划痕输出图像。从上面的代码演示可以看出，简单背景的划痕缺陷通过 OpenCV 的二值分析与处理可以得到很好的检测效果。

14.2　复杂背景下的缺陷检测

在真实场景中采集到的图像，由于会受到生产环境、光照、相机等因素的制约，背景往往会比较复杂，比如背景带上的纹理、网格和噪声等，如果遇到这种情况，就需要结合多种不同的算法来解决。

14.2.1　频域增强的缺陷检测

图 14-3 所示的是一张带有噪声纹理的图片，可以看到缺陷在图中心，通过固定阈值的分割检测无法发现此类缺陷，而且高斯模糊之类的噪声抑制方法很容易导致缺陷消失而使得后续环节无法检出，导致检测失败。

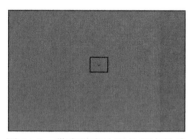

图 14-3　带有噪声纹理的斑点缺陷

1. 频域滤波

这种情况可以采取频域滤波实现图像增强的方式来处理。在频域中，图像的纹理主要出现在低频段，缺陷主要出现在中频段，轮廓主要出现在高频段。由于图 14-3 中不存在轮廓，因而对缺陷的增强可以使用高通滤波器，也可以使用带阻滤波器（中通滤波器）。考虑到程序的通用性，这里使用带阻滤波器来实现图像频域的增强。相关代码如下：

```
Mat blurMat, binary;

// 修正图像尺寸，以在计算过程中执行优化操作，加快计算速度
int h = cv::getOptimalDFTSize(image.rows);
int w = cv::getOptimalDFTSize(image.cols);
Mat padded;

// 扩充成最优尺寸，用常量填充，最后一个参数表示颜色（0 表示黑色）
copyMakeBorder(image, padded, 0, h - image.rows, 0, w - image.cols, BORDER_
    CONSTANT, Scalar::all(0));

// 将原图扩充为实部和虚部，实部为 img，虚部填充 0
Mat plane[] =
{ Mat_<float>(padded),Mat::zeros(padded.size(),CV_32F) }; Mat complexImg;
merge(plane, 2, complexImg);

// 执行离散傅里叶变换，将图像从空域转换到频域
dft(complexImg, complexImg);
```

```cpp
// 构建一个中频滤波器
Mat filter(complexImg.size(), CV_32FC1);
Point filterCenter(filter.cols / 2, filter.rows / 2);
double W = 10;// 带宽，确定增强中频的范围
double D0 = sqrt((pow(filterCenter.x, 2) + pow(filterCenter.y, 2)));
for (int r = 0; r < filter.rows; r++)
{
    float* data = filter.ptr<float>(r);
    for (int c = 0; c < filter.cols; c++)
    {
        double Duv = sqrt(pow(filterCenter.x - c, 2) + pow((filterCenter.y - r),
            2));
        if (abs(Duv - D0 / 2)< W) {
            data[c] = 1;
        }
        else {
            data[c] = 0.5;
        }
    }
}
// 对 4 个频谱位置进行交换
cv::Mat temp = filter.clone();
temp(cv::Rect(0, 0, temp.cols / 2, temp.rows / 2)).copyTo(filter(cv::Rect(temp.
    cols / 2, temp.rows / 2, temp.cols / 2, temp.rows / 2)));// 从左上到右下
temp(cv::Rect(temp.cols / 2, 0, temp.cols / 2, temp.rows / 2)).
    copyTo(filter(cv::Rect(0, temp.rows / 2, temp.cols / 2, temp.rows / 2)));
    // 从右上到左下
temp(cv::Rect(0, temp.rows / 2, temp.cols / 2, temp.rows / 2)).copyTo(filter
    (cv::Rect(temp.cols / 2, 0, temp.cols / 2, temp.rows / 2)));// 从左下到右上
temp(cv::Rect(temp.cols / 2, temp.rows / 2, temp.cols / 2, temp.rows / 2)).
    copyTo(filter(cv::Rect(0, 0, temp.cols / 2, temp.rows / 2)));// 从右下到左上

// 将中频滤波器填充到一个两通道的 mat 里面
Mat butterworth_channels[] = { Mat_<float>(filter), Mat::zeros(filter.size(),
    CV_32F) };
merge(butterworth_channels, 2, filter);

// 执行频域卷积滤波运算
mulSpectrums(complexImg, filter, complexImg, 0);
```

上述代码首先对图像完成离散傅里叶变换，把图像从空域转换到频域。然后构建中频滤波器，并对图像矩形频率域执行卷积滤波操作，得到最终频域增强的输出。其中函数 getOptimalDFTSize() 的作用主要是得到输入图像的最优化尺寸大小。一般来说，输入图像大小是 2 的幂次大小时离散傅里叶变换的计算速度最快，对图像大小进行优化后可以提升程序的计算速度。dft 函数的作用是实现图像离散傅里叶变换，把图像从空间域变换到时频域，变换之后的图像表示形式需要两个通道分别对应复数的实部与虚部，然后构建滤波器。在执行滤波器的滤波操作之前，需要把图像直流输出部分转移到图像的中心位置，所以需要把图像分为 4 个分块。分块对角线交换之后就会得到中心直流的对应图像，然后调用 mulSpectrums 函数完成频域滤波操作。

2. 空域分析

将完成滤波操作的图像重新转换到空间域，进行二值分析就可以成功检测到缺陷。这部分的代码实现如下：

```
// 转换到空间域
cv::Mat spatial;
idft(complexImg, spatial, cv::DFT_SCALE);
vector<cv::Mat> planes;
split(spatial, planes);
magnitude(planes[0], planes[1], spatial);

// 归一化
normalize(spatial, spatial, 0, 255, cv::NORM_MINMAX);
spatial.convertTo(spatial, CV_8UC1);

// 提取图像中灰度变化的区域
Mat light, dark;
threshold(spatial, dark, 10, 255, 1);
threshold(spatial, light, 230, 255, 0);
Mat kernel = getStructuringElement(MORPH_RECT, Size(7, 7));
dilate(dark, dark, kernel);
dilate(light, light, kernel);
bitwise_and(light, dark, light);

// 轮廓查找
vector<vector<cv::Point>> contours;
findContours(light, contours, RETR_EXTERNAL, CHAIN_APPROX_NONE);
for (int i = 0; i < contours.size(); i++) {
    Rect rect = boundingRect(contours[i]);
    rectangle(image, Rect(rect.x - 10, rect.y - 10, 20, 20), 255, 1);
}
imshow(" 复杂背景 Blob 分析 ", image);
```

上述代码首先执行离散傅里叶反变换，然后对得到的两个通道计算梯度，获得输出图像。对输出图像进行归一化操作之后再进行轮廓分析。根据轮廓分析的结果绘制检测到的 Blob 对象，最后显示出检测结果。上述代码最终的运行结果如图 14-4 所示。

图 14-4   基于频域增强的复杂背景缺陷分析

最终运行结果如图 14-4 所示，相比原图 14-3，白色的矩形框就是检测到的斑点缺陷。

14.2.2　空间域增强的缺陷检测

不要以为只有频率域才可以通过图像增强实现质量提升从而达到缺陷检测的目的。在图像的空间域同样也可以借助之前介绍的直方图与卷积相关的知识来实现图像增强，然后对增强后的图像完成二值分析实现缺陷检测。下面就来通过示例演示如何通过空间域的图像增强，实现缺陷检测。示例所用的原图如图 14-5 所示。

图 14-5　复杂背景缺陷图

由图 14-5 可以看出，原图的背景很复杂，在粗糙的表面上有 3 个明显的黑色划痕缺陷，同时有很多明暗不一的复杂背景。下面的代码首先计算图像的直方图，然后对图像进行差分计算来增强背景与待检测对象的差异。完成增强之后对图像进行二值分析，得到检测结果。相关的示例代码实现如下：

```
Mat gray;
cvtColor(image, gray, COLOR_BGR2GRAY);

// 计算直方图
int histsize = 256;
float range[] = { 0,256 };
const float*histRanges = { range };
Mat hist;
calcHist(&gray, 1, 0, Mat(), hist, 1, &histsize, &histRanges, true, false);
double maxVal = 0;
cv::Point maxLoc;
minMaxLoc(hist, NULL, &maxVal, NULL, &maxLoc);
Mat BackImg(gray.size(), CV_8UC1, maxLoc.y);

// 对背景图和原图进行差分计算，增强图像之间的差异
BackImg.convertTo(BackImg, CV_32FC1);
gray.convertTo(gray, CV_32FC1);
Mat subImage = 50 + 3 * (gray - BackImg);
subImage.convertTo(subImage, CV_8UC1);
```

```
// 使用中值滤波进行噪声抑制
Mat BlurImg;
medianBlur(subImage, BlurImg, 15);
Mat Binary;
threshold(BlurImg, Binary, 40, 255, THRESH_BINARY_INV);
vector<vector<Point>> contours;
findContours(Binary, contours, RETR_EXTERNAL, CHAIN_APPROX_NONE);
for (int i = 0; i < contours.size(); i++)
{
    int area = cv::contourArea(contours[i]);
    if (area > 300)
        drawContours(image, contours, i, Scalar(0, 255, 255), 1);
}
imshow("复杂背景划痕检测", image);
```

上述代码的运行结果如图 14-6 所示。

a）二值化的输出结果　　　　b）瑕疵检测结果

图 14-6　在空间域实现图像增强与缺陷检测

14.3　案例：刀片缺陷检测

14.1 节和 14.2 节分别介绍了简单背景与复杂背景情况下如何对产品的每一种类进行缺陷检测，在实际应用场景中，产品可能同时存在多种缺陷，需要一次检测多个缺陷。本节将通过一个例子解析如何将传统的图像处理与二值分析方法结合，实现一次检测多种缺陷。这个例子来自我的 OpenCV 研习社中的一位网友的提问。当时他只有两张图（见图 14-7），但是需要实现一个一次检测多个缺陷的瑕疵检测程序，考虑到样本的数量，使用传统的图像分析方法显然是合理的选择。

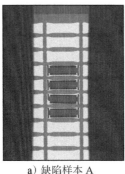 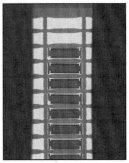

a）缺陷样本 A　　　　b）缺陷样本 B

图 14-7　图像样本

由图 14-7 可以看出，瑕疵不但包括划痕，而且还有缺失。通过前文内容的学习，我们已经掌握了划痕的检测方法，但是应该如何检测缺失呢？由图 14-7 可以观察到生产的刀片同一批次的规格都是相同的，可以通过模板建立差分图像，实现对缺失缺陷的检测，从而同时完成划痕与缺失两种缺陷的检测。代码的实现步骤如下几步。

步骤 1：对图像进行二值化，分别找到每个刀片所在的位置。示例代码如下：

```
// 图像二值化
Mat gray, binary;
cvtColor(src, gray, COLOR_BGR2GRAY);
threshold(gray, binary, 0, 255, THRESH_BINARY_INV | THRESH_OTSU);

// 定义结构元素
Mat se = getStructuringElement(MORPH_RECT, Size(3, 3), Point(-1, -1));
morphologyEx(binary, binary, MORPH_OPEN, se);

// 轮廓发现
vector<vector<Point>> contours;
vector<Vec4i> hierarchy;
vector<Rect> rects;
findContours(binary, contours, hierarchy, RETR_LIST, CHAIN_APPROX_SIMPLE);
int height = src.rows;
for (size_t t = 0; t < contours.size(); t++) {
    Rect rect = boundingRect(contours[t]);
    double area = contourArea(contours[t]);
    if (rect.height >(height / 2)) {
        continue;
    }
    if (area < 150) {
        continue;
    }
    rects.push_back(rect);
}
```

因为相机的安装位置，可以获取中间的 ROI 部分，对 ROI 部分的图像先进行二值化，再进行轮廓发现与分析，以获得每个刀片的位置矩形。

步骤 2：对每个刀片的位置进行排序，从上到下，然后根据二值模板计算差分二值图像，对差分图像进行轮廓分析，剔除边缘差异，找到划痕和缺陷，即可完成检测。这部分的示例代码如下：

```
// 对每个刀片进行比对检测
sort_box(rects);
vector<Rect> defects;
detect_defect(binary, rects, defects, tpl);

// 显示检测结果
for (int i = 0; i < defects.size(); i++) {
    rectangle(src, defects[i], Scalar(0, 0, 255), 2, 8, 0);
    putText(src, "bad", defects[i].tl(), FONT_HERSHEY_SIMPLEX, 1.0, Scalar(255,
        0, 0), 2, 8);
```

```
}
imshow(" 多个缺陷检测 ", src);
```

在上述代码中，sort_box 函数是对每个刀片的外接矩形位置从上到下排序输出。排序之后再调用 detect_defect 函数实现差分图像计算，然后对差分图像完成轮廓分析，剔除边缘影响之后再输出。这两个函数的代码可以从书中提供的下载地址获取。下面以图 14-7a 为例，程序分析结果如图 14-8 所示。

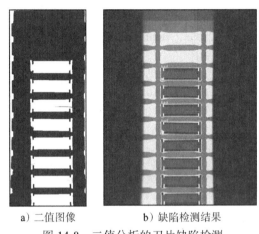

a）二值图像　　　　　　b）缺陷检测结果

图 14-8　二值分析的刀片缺陷检测

图 14-8a 是图 14-7a 对应的二值图像，通过第一步的二值分析与轮廓分析可以获取每个刀片的位置信息。图 14-8b 是对应的缺陷检测结果，可以看到同时检测出了缺失与划痕，矩形框标记出了检测出的每个不良刀片的位置信息。

希望读者能够融会贯通，灵活运用所学知识提升解决实际问题的能力，在实践中发挥传统图像处理的优势。

14.4　基于深度学习的缺陷检测

深度学习在计算机视觉相关的所有任务中都表现优异，在计算机视觉所涵盖的各个领域中都在不断取得进展。本节限于篇幅，不可能深入讨论深度学习的各个方面。

从深度学习网络模型的种类来看，在缺陷检测中经常使用的网络主要包括图像分类网络、对象检测网络、语义分割网络、生成对抗网络和无监督网络。从对缺陷分类检测的效果来看，图像分类网络、对象检测网络和语义分割网络主要针对的是已知的缺陷检测，而生成对抗网络和无监督网络则可以检测出一些未知的缺陷。此外，基于深度学习方式的缺陷检测都需要采集样本数据，并对数据进行前期的预处理，然后使用相关的网络模型进行训练，导出模型并部署到生产环节，然后验证模型，后期再对模型不断地进行优化。

本节将介绍主流的深度学习框架 PyTorch 训练生成的模型如何与 OpenCV DNN 模块实现整合部署。

14.4.1　基于分类的缺陷检测

图像分类网络首先对输入图像进行预测分类来完成对不同类别的缺陷预测，因此要通过图像分类网络实现缺陷检测，首先需要采集一定数量的图像样本，然后完成样本图像的缺陷标注并制作数据集。使用数据集基于迁移学习训练一个自定义的图像分类网络，以实现对所输入缺陷图像的分类。最后把网络导出为 OpenCV DNN 模块可以读取的 ONNX 格式的模型文件并完成部署。本节使用了东北大学的宋克臣等几位老师收集并公开的热轧带钢表面缺陷数据集。该数据集一共包含了三类数据，这里使用的是 NEU 表面缺陷数据集。该数据集收集了夹杂、划痕、压入氧化皮、裂纹、麻点和斑点总计 6 种缺陷。每种缺陷包含了 300 张图片，图像尺寸为 200×200 像素。部分示例如图 14-9 所示。

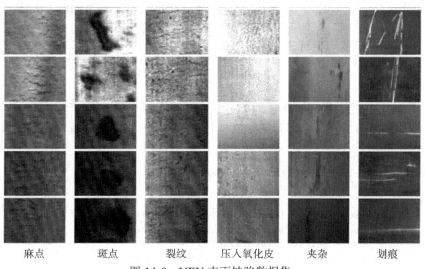

图 14-9　NEU 表面缺陷数据集

1. 模型训练与 ONNX 格式的模型文件导出

使用的数据集只有 1800 张图像，我将其中的 1765 张图像作为训练数据，35 张图像作为测试数据。数据数量不足以支持从零开始训练一个深度神经网络，因此这里采用了基于 ImageNet 数据集训练生成的模型进行迁移学习。在大规模数据训练生成的模型的基础上，使用迁移学习可以基于自定义的数据训练生成自定义分类模型。这不但对数据的数量要求不高，而且还能大大节省训练的时间与数据采集的成本。

这里使用 PyTorch 来实现模型训练，使用 PyTorch 提供的残差网络预训练模型作为迁移学习基础模型。PyTorch 支持的残差网络模型如图 14-10 所示。

layer name	output size	18-layer	34-layer	50-layer	101-layer	152-layer
conv1	112×112			$7 \times 7, 64$, stride 2		
conv2_x	56×56	$\begin{bmatrix} 3 \times 3, 64 \\ 3 \times 3, 64 \end{bmatrix} \times 2$	$\begin{bmatrix} 3 \times 3, 64 \\ 3 \times 3, 64 \end{bmatrix} \times 3$	$\begin{bmatrix} 1 \times 1, 64 \\ 3 \times 3, 64 \\ 1 \times 1, 256 \end{bmatrix} \times 3$	$\begin{bmatrix} 1 \times 1, 64 \\ 3 \times 3, 64 \\ 1 \times 1, 256 \end{bmatrix} \times 3$	$\begin{bmatrix} 1 \times 1, 64 \\ 3 \times 3, 64 \\ 1 \times 1, 256 \end{bmatrix} \times 3$
conv3_x	28×28	$\begin{bmatrix} 3 \times 3, 128 \\ 3 \times 3, 128 \end{bmatrix} \times 2$	$\begin{bmatrix} 3 \times 3, 128 \\ 3 \times 3, 128 \end{bmatrix} \times 4$	$\begin{bmatrix} 1 \times 1, 128 \\ 3 \times 3, 128 \\ 1 \times 1, 512 \end{bmatrix} \times 4$	$\begin{bmatrix} 1 \times 1, 128 \\ 3 \times 3, 128 \\ 1 \times 1, 512 \end{bmatrix} \times 4$	$\begin{bmatrix} 1 \times 1, 128 \\ 3 \times 3, 128 \\ 1 \times 1, 512 \end{bmatrix} \times 8$
conv4_x	14×14	$\begin{bmatrix} 3 \times 3, 256 \\ 3 \times 3, 256 \end{bmatrix} \times 2$	$\begin{bmatrix} 3 \times 3, 256 \\ 3 \times 3, 256 \end{bmatrix} \times 6$	$\begin{bmatrix} 1 \times 1, 256 \\ 3 \times 3, 256 \\ 1 \times 1, 1024 \end{bmatrix} \times 6$	$\begin{bmatrix} 1 \times 1, 256 \\ 3 \times 3, 256 \\ 1 \times 1, 1024 \end{bmatrix} \times 23$	$\begin{bmatrix} 1 \times 1, 256 \\ 3 \times 3, 256 \\ 1 \times 1, 1024 \end{bmatrix} \times 36$
conv5_x	7×7	$\begin{bmatrix} 3 \times 3, 512 \\ 3 \times 3, 512 \end{bmatrix} \times 2$	$\begin{bmatrix} 3 \times 3, 512 \\ 3 \times 3, 512 \end{bmatrix} \times 3$	$\begin{bmatrix} 1 \times 1, 512 \\ 3 \times 3, 512 \\ 1 \times 1, 2048 \end{bmatrix} \times 3$	$\begin{bmatrix} 1 \times 1, 512 \\ 3 \times 3, 512 \\ 1 \times 1, 2048 \end{bmatrix} \times 3$	$\begin{bmatrix} 1 \times 1, 512 \\ 3 \times 3, 512 \\ 1 \times 1, 2048 \end{bmatrix} \times 3$
	1×1	average pool, 1000-d fc, softmax				
FLOPs		1.8×10^9	3.6×10^9	3.8×10^9	7.6×10^9	11.3×10^9

图 14-10　不同层的 ResNet 网络结构

　　这里使用 ResNet18 预训练模型，把最后一层输出的 1000 个分类改为 6 个分类，然后使用训练模型对所有卷积权重的特征参数进行微调，最终实现对自定义数据的分类。模型结构的代码实现如下：

```
class SurfaceDefectResNet(torch.nn.Module):

    def __init__(self):
        super(SurfaceDefectResNet, self).__init__()
        self.cnn_layers = torchvision.models.resnet18(pretrained=True)
        num_ftrs = self.cnn_layers.fc.in_features
        self.cnn_layers.fc = torch.nn.Linear(num_ftrs, 6)

    def forward(self, x):
        # stack convolution layers
        out = self.cnn_layers(x)
        return out
```

　　完成模型定义之后就可以训练模型了，读者可以自行查看与运行源码包中使用 PyTorch 训练该模型的源码。最终训练完成之后生成 surface_defect_model.pt 模型，该模型是一个基于 ResNet18 的自定义数据分类模型，可通过 PyTorch 提供的 ONNX 转换工具将该模型转换为 ONNX 格式，相关的转换脚本如下：

```
dummy_input = torch.randn(1, 3, 200, 200, device='cuda')
model = torch.load("surface_defect_model.pt")
torch.onnx.export(model, dummy_input, "surface_defect.onnx", verbose=True)
```

模型的输入数据为 3 通道 BGR、200×200 像素大小的图像，输出为 1×6 的二维数组。训练阶段的预处理环节将图像的取值范围从 $0 \sim 255$ 转换为 $0 \sim 1$，再减去均值 0.5，然后除以 0.5。在使用 ONNX 格式模型文件进行推理时，输入图像数据必须遵循上述要求。

2. OpenCV DNN 分类推理

OpenCV4 DNN 模型支持 ResNet 的 ONNX 格式模型推理，所以将模型转换为 ONNX 格式之后就可以通过函数 readNetFromONNX 来加载模型文件，然后完成推理，解析预测结果，得到缺陷的类别了。代码实现如下：

```
String defect_labels[] = { "In","Sc","Cr","PS","RS","Pa" };
dnn::Net net = dnn::readNetFromONNX(model_dir + "surface_defect_resnet18.
    onnx");
Mat inputBlob = dnn::blobFromImage(image, 0.00392, Size(200, 200), Scalar(127,
    127, 127), false, false);
inputBlob /= 0.5;

// 执行图像分类
Mat prob;
net.setInput(inputBlob);
prob = net.forward();

// 得到最可能的分类输出
Mat probMat = prob.reshape(1, 1);
Point classNumber;
double classProb;
minMaxLoc(probMat, NULL, &classProb, NULL, &classNumber);
int classidx = classNumber.x;
printf("\n current image classification : %s, possible : %.2f\n", defect_
    labels[classidx].c_str(), classProb);

// 显示文本
putText(image, defect_labels[classidx].c_str(), Point(20, 40), FONT_HERSHEY_
    SIMPLEX, 1.0, Scalar(0, 0, 255), 2, 8);
imshow(" 基于分类的缺陷检测 ", image);
```

在上述代码中，先对输入图像的每个像素点的像素值减去均值 127，然后将结果归一化到 $0 \sim 1$，作为输入数据。基于输入数据进行推理，为输出数据寻找最大值对应的索引编号，即可得到对应缺陷的分类标签文字。上述 6 种表面缺陷测试图像的运行结果如图 14-11 所示。

在图 14-11 中，Cr 表示裂纹；In 表示夹杂；Pa 表示斑点；PS 表示压入氧化皮；Sc 表示划痕；RS 表示麻点。每个类别的预测都取得了良好的预测精度。

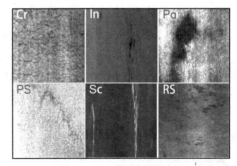

图 14-11 分类预测结果

14.4.2   基于分割的缺陷检测

裂纹是缺陷检测中经常遇到的类别，不但在工业产品上会遇到，而且在建筑工程上也会造成很大的安全隐患。在房屋建筑质量验收、道路与桥梁质量监控上，如果能及时发现房屋与道路的裂纹，就可以提前判断，做到早期预警，降低损失。本节将使用 UNet 语义分割网络来实现裂纹缺陷检测。

1. UNet 模型介绍

UNet++、ResUNet 在工业界的应用十分广泛，UNet 的模型结构如图 14-12 所示。

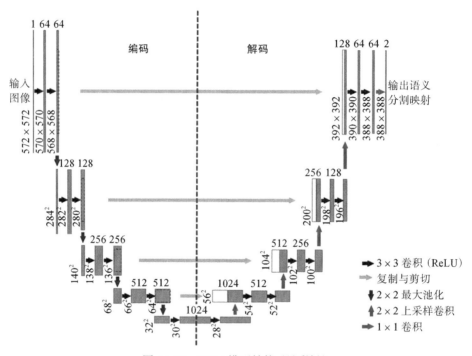

图 14-12   UNet 模型结构（见彩插）

在图 14-12 中，UNet 模型结构的虚线左侧表示对输入图像进行编码操作，右侧表示对编码信息实现解码，以得到语义分割图像。网络训练使用了 2016 年发布的 CrackForest-dataset 公开数据集。我基于 PyTorch 框架完成了网络训练，导出了 ONNX 格式的模型文件。模型的输入与输出格式如图 14-13 所示。

从图 14-13 中可以看出，导出的 ONNX 格式的模型要求输入是灰度图像，大小为 320×480 像素，输出数据的格式为 $1 \times 2 \times 320 \times 480$，

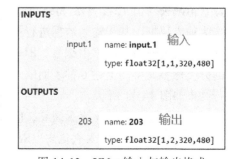

图 14-13   UNet 输入与输出格式

其中2表示背景和裂纹两个通道的预测得分。解析之后就可以得到语义分割图像的预测结果。

2. UNet 推理示例代码

训练之后导出的 ONNX 格式模型，可以在 OpenCV DNN 中直接推理使用。我在 CPU 上进行测试后，发现结果与在 PyTorch 上训练之后的预测结果基本保持一致，模型推理效果如图 14-14 所示。

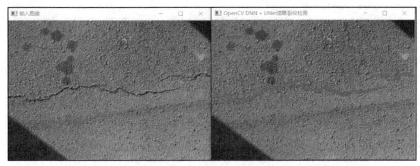

图 14-14　UNet 道路裂纹检测

下面是 OpenCV DNN 调用该模型推理，实现裂纹检测的代码实现：

```
int h = image.rows;
int w = image.cols;

// 输出格式
int out_h = 320;
int out_w = 480;
// 加载模型
dnn::Net net = dnn::readNetFromONNX(model_dir + "unet_road.onnx");

// 转换为输入格式: 1×1×320×480，取值范围为 0 ～ 1，浮点数
Mat inputBlob = dnn::blobFromImage(image, 0.00392, Size(480, 320), Scalar(),
    false, false);

// 执行预测
Mat prob;
net.setInput(inputBlob);
cv::Mat preds = net.forward();
const float* detection = preds.ptr<float>();
cv::Mat result = cv::Mat::zeros(cv::Size(out_w, out_h), CV_32FC1);

// 解析输出结果
for (int row = 0; row < out_h; row++) {
    for (int col = 0; col < out_w; col++) {
        float c1 = detection[row * out_w + col];
        float c2 = detection[out_h * out_w + row * out_w + col];
        if (c1 > c2) {
            result.at<float>(row, col) = 0;
```

```
        }
        else {
            result.at<float>(row, col) = 1;
        }
    }
}
result = result * 255;
result.convertTo(result, CV_8U);
imshow(" 输入图像 ", image);
std::vector<std::vector<cv::Point>> contours;
std::vector<cv::Vec4i> hierarchy;
cv::findContours(result, contours, hierarchy, cv::RETR_TREE, cv::CHAIN_APPROX_
    SIMPLE, cv::Point());
cv::cvtColor(image, image, cv::COLOR_GRAY2BGR);
cv::drawContours(image, contours, -1, cv::Scalar(0, 0, 255), -1, 8);
imshow("OpenCV DNN + UNet 道路裂纹检测 ", image);
```

上述代码首先通过 readNetFromONNX 函数加载模型，对输入图像进行预处理，以转换为模型需要的输入格式数据，然后完成推理与预测。先从模型预测数据获取图像分割信息，然后解析通道输出结果，因为是二分类模型，所以这里只要相互比较一下，分别赋值 0 或者 1 即可。然后把得到的掩膜图像转换为 CV_8U 数据格式。使用轮廓发现函数提取 UNet 模型推理之后的裂纹，然后绘制裂纹轮廓并显示。

14.5　小结

本章基于 OpenCV 传统图像分析与处理的算法，实现了对几种经典缺陷类型的检测，融合了前面章节的相关知识点与函数使用。同时针对深度学习在缺陷检测问题上的最新进展，详细解释了深度学习模型在缺陷检测中的应用，并使用 OpenCV DNN 完成了模型部署。

通过本章内容的学习，读者应该能够更加深刻地理解 OpenCV 的相关知识点，学会使用 OpenCV 解决实际问题。本章与深度学习 PyTorch 框架的相关知识点有一定的关联，读者需要有相关的知识基础才能更好地理解本章的内容。

第 15 章

OpenVINO 加速

本章将介绍 OpenVINO 工具套件，主要是详细阐述如何通过 OpenVINO 工具套件中的推理引擎（Runtime 组件）实现模型推理加速，把模型在 CPU 上的推理速度提升 5 倍左右。

15.1 OpenVINO 框架安装与环境配置

OpenVINO 是英特尔发布的支持计算机视觉快速应用开发的框架，支持 CNN 的部署与加速推理。它不仅支持 Caffe、TensorFlow、MXNet、ONNX 等各式模型的转换与部署（见图 15-1），自带的模型库也非常丰富，涵盖了常见的人脸检测、车辆检测、行人检测、车牌识别、场景文字检测与识别、姿态识别、图像语义分割、道路分割等模型。

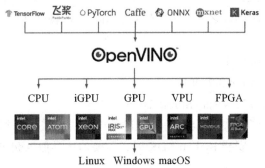

图 15-1　OpenVINO 支持的加速设备与深度学习框架

OpenVINO 于 2022 年发布了全新的 API 2.0 版本，推理 SDK 对于开发者来说变得更加简洁易用，该版本支持虚拟的 AUTO 设备，以及模型量化和剪枝等功能。OpenVINO 的主要特点具体如下。

1）在 Intel 平台上可以提升计算机视觉与基于 CNN 的网络性能。

2）丰富的预训练模型库与公开库（Model Zoo），满足常见的计算机视觉场景应用。

3）基于通用 API 在 CPU、GPU、FPGA 等设备上运行加速。

OpenVINO 中包含了两个对开发者最重要的组件：模型优化器（Model Optimizer，MO）、推理引擎。

OpenVINO 模型优化与部署的流程如图 15-2 所示。

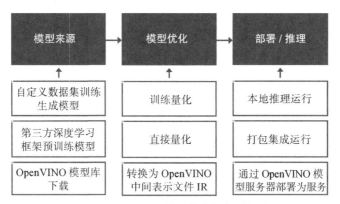

图 15-2　OpenVINO 模型优化与部署的流程

OpenVINO2022.x 采用了全新 2.0 API 支持，模型输入格式，除了支持自有的 XML 格式之外，还支持 ONNX 格式的模型与 paddle 模型的直接加载和推理调用，无须再通过 MO 模块转换为 XML 格式的模型文件，从而帮助开发者节省部署环节的时间。

15.1.1　OpenVINO 安装

下面以 OpenVINO2022.1 版本为例，介绍 OpenVINO 工具包的安装与配置（Windows 10 系统）。在安装 OpenVINO 之前，需要先安装相关的依赖软件库与包，具体列表如下。

❑ OpenCV4.5.x 支持。

❑ CMake 支持 3.14 版本。

❑ Python 3.6 ～ Python 3.9 均可。

❑ Visual Studio 2017 / Visual Studio 2019。

我的个人笔记本计算机能够全部满足上述条件。这里需要特别强调的是，安装上述软件时请以默认路径安装。安装 Python SDK 时，需要勾选类似 Add Python 3.6 to PATH 的选项，如图 15-3 所示。

如果之前已经配置好 OpenCV4.5.x 的开发环境（参见第 1 章），那么现在只需要将 OpenVINO 安装好即可。请到 Intel 官方网站提供的 OpenVINO 下载页下载 OpenVINO2022.1，安装组件的选择如图 15-4 所示。

图 15-3　Python SDK 安装设置

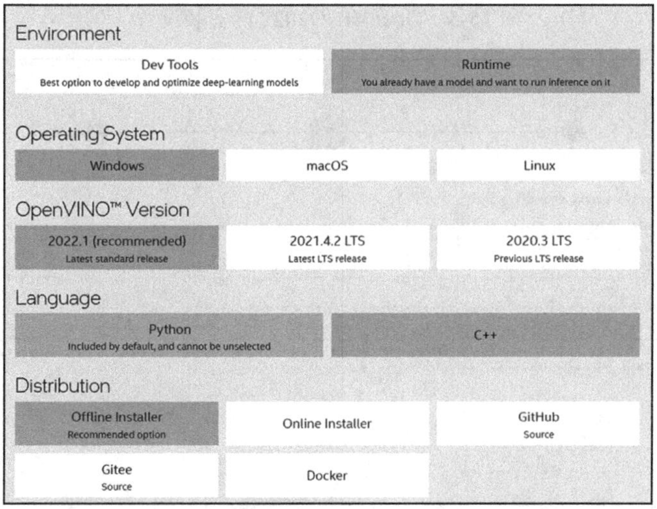

图 15-4　OpenVINO2022.1 安装组件的选择

OpenVINO2022 之前的版本推理组件和模型优化器组件打包在了同一个安装文件中，从 OpenVINO2022 版本开始 Runtime（推理组件）和 Dev Tools 工具组件是分开的，通过不同的方式安装。在图 15-4 所示的界面中，选择安装 Runtime 组件，OpenVINO2022.1 默认支持 Python SDK。注意，选择 C++ 选项则表示 API 同时支持 Python 与 C++ 语言。选择好需要安装的组件和语言以后，单击页面下方表示下载的按钮下载安装文件。之后双击安装文件。安装设置如图 15-5 所示。

单击图 15-5 中的 Continue 按钮，会出现如图 15-6 所示的安装向导界面。

单击图 15-6 中的 Install 按钮。如果安装不是 Visual Studio 2019，就会显示一个警告信息，忽略它直接继续安装即可。

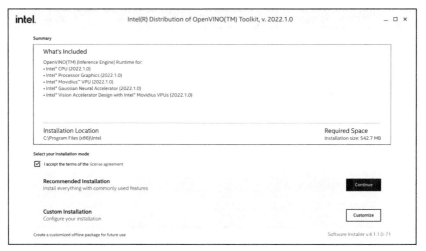

图 15-5　OpenVINO2022 的安装设置

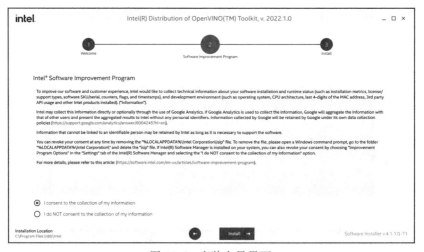

图 15-6　安装向导界面

15.1.2　配置 C++ 开发支持

关于 C++ 配置环境，使用 Visual Studio 2017/Visual Studio 2019 配置好开发环境就可以使用 OpenVINO2022 Runtime 组件的 SDK 了。这部分的配置与第 1 章中提到 OpenCV 开发环境的配置非常类似，同样需要配置包含路径、库目录、附加依赖项和环境变量，这几部分的配置分别如下。

（1）包含路径配置

OpenVINO2022 推理组件（C++ 语言）需要配置的包含路径如下。

❑ C:\Program Files (x86)\Intel\openvino_2022.1.0.643\runtime\include

❑ C:\Program Files (x86)\Intel\openvino_2022.1.0.643\runtime\include\openvino

❑ C:\Program Files (x86)\Intel\openvino_2022.1.0.643\runtime\include\ngraph

❑ C:\Program Files (x86)\Intel\openvino_2022.1.0.643\runtime\include\ie

其中，C:\Program Files (x86)\Intel\openvino_2022.1.0.643 是 OpenVINO2022.1 在 Windows 10 系统中默认的安装路径。

（2）库目录配置

这里采用了 Release 模式编译下的库目录配置支持，库目录如下：C:\Program Files (x86)\Intel\openvino_2022.1.0.643\runtime\lib\intel64\Release。

（3）附加依赖项配置

主要是把库目录中的 *.lib 文件都添加到链接器的附加依赖项中，代码如下：

```
openvino.lib
openvino_ir_frontend.lib
openvino_onnx_frontend.lib
```

（4）环境变量配置

最后需要把 OpenVINO2022.x 推理依赖的 *.dll 文件目录添加到 Windows 10 系统的环境变量中去，相关的 .dll 目录如下：

❑ C:\Program Files (x86)\Intel\openvino_2022.1.0.643\runtime\bin\intel64\Release

❑ C:\Program Files (x86)\Intel\openvino_2022.1.0.643\runtime\3rdparty\tbb\bin

添加好环境变量之后，同样需要重新打开 Visual Studio 2017/Visual Studio 2019。

（5）环境测试示例代码

完成整个 OpenVINO2022.1 C++ SDK 的开发环境配置之后，再通过下面的代码验证整个安装与配置是否成功：

```
// 创建 IE 插件，查询支持的硬件设备
ov::Core ie;
vector<string> availableDevices = ie.get_available_devices();
for (int i = 0; i < availableDevices.size(); i++) {
    printf("supported device name : %s \n", availableDevices[i].c_str());
}
```

执行上述代码，得到的结果与图 15-7 类似，说明安装与配置正确。

图 15-7　环境测试代码运行结果

15.2　OpenVINO2022.x 版 SDK 推理演示

OpenVINO2022 版本的推理开发与之前版本最大的不同之处在于其全新的简约的 SDK 设计。在诸多方面都比之前的 OpenVINO 版本简单易学。

15.2.1 推理 SDK 介绍

OpenVINO2022.x 支持模型从加载到推理的相关 API 函数。

1）初始化推理组件。

首先加载头文件：

```
#include <openvino/openvino.hpp>
```

然后初始化 Runtime 组件：

```
ov::Core ie;
```

这样就完成了推理组件的初始化。推荐每个应用只初始化一个 Runtime 组件的 Core 实例。

2）加载模型。把输入的模型文件加载、编译为 OpenVINO 支持的模型格式，并关联到指定设备（支持推理），默认值 AUTO 表示自动选择设备，无须开发者指定。加载模型的函数定义如下：

```
CompiledModel compile_model(
const std::string& model_path,
const std::string& device_name,
const AnyMap& properties = {}
)
```

上述代码中的参数说明如下。

❑ model_path：表示模型文件（XML 格式或者 ONNX 格式）路径。

❑ device_name：表示推理的硬件设备名称，默认值为 AUTO（表示自动选择支持的硬件设备）。device_name 是 CPU 时，表示模型推理使用 CPU 计算。

❑ AnyMap：为可选择项，默认值设为空即可。

3）创建推理请求实例对象。模型加载之后得到了 CompiledModel 实例对象，调用它的 InferRequest create_infer_request() 方法就可以创建推理请求实例对象。通过推理请求接口可以查询模型的输入格式与输出格式，对于拥有多个输入或者输出的模型，可以根据名称返回指定的输入层或者输出层信息：

```
Tensor get_tensor(const std::string& tensor_name);
```

如果模型只有一个输入层和一个输出层，就可以通过下面的方法快速访问：

```
Tensor get_input_tensor();  // 获取输入层信息
Tensor get_output_tensor(); // 获取输出层信息
```

4）推理与获取预测支持。设置好输入层信息之后，调用 infer 方法就可以实现推理了，infer 方法定义如下：

```
void infer()
```

注意：该调用方式是 OpenVINO 支持的两种推理方式（同步模式与异步模式）中的同步推理模型。

5）动态输入支持。有的模型（如 Faster-RCNN、Mask-RCNN）支持动态输入大小，此时加载模型的方式就会与之前加载模型的方式稍有不同，必须先加载模型，然后修改输入维度，最后绑定到指定的设备中，以创建推理请求对象，相关的示例代码片段如下：

```
// 加载检测模型
ov::Core ie;
auto model = ie.read_model(model_path);
// 设置动态输入
model->reshape({ 1, 3, -1, -1 });
// 绑定到指定设备
ov::CompiledModel compiled_model = ie.compile_model(model, "CPU");
ov::InferRequest infer_request = compiled_model.create_infer_request();
```

其中，"−1"表示根据实际图像输入的大小来决定。如果是正数，则表示设置为固定大小。

15.2.2　推理 SDK 演示

OpenVINO2022.x 中的模型从加载到推理需要用到的 API 与参数解释就先介绍到这里。下面通过一个例子来演示这些 API 的实际应用。模型文件来自第 14 章中的缺陷图像分类（ONNX 格式）。正好借此对比一下 OpenCV 推理和 OpenVINO 推理的速度差异。

1）加载模型文件，实现代码如下：

```
// 加载模型
ov::Core ie;
ov::CompiledModel compiled_model = ie.compile_model(onnx_path, "GPU");
ov::InferRequest infer_request = compiled_model.create_infer_request();
```

2）预处理输入图像。这部分的处理与第 14 章的预处理代码完全一致，这里就不再给出了，读者可以自行查看本书的源码获取相关信息。

3）设置输入的 Tensor 数据。先获取输入层的 Tensor 数据，然后从图像 Mat 对象中获取对应的通道，最后按顺序填充好给定的输入层 Tensor 数据块。输入数据的代码实现如下：

```
// 设置输入图像数据 (这里采用 NCHW 格式)
size_t image_size = w * h;
float* data = input_tensor.data<float>();
for (size_t row = 0; row < h; row++) {
    for (size_t col = 0; col < w; col++) {
        for (size_t ch = 0; ch < num_channels; ch++) {
            data[image_size*ch + row * w + col] = blob_image.at<cv::Vec3f>(row, col)
                [ch];
        }
    }
}
```

4）推理。进行同步的推理，只需要调用一下 infer 函数即可，代码如下：

```
infer_request.infer();
```

5）解析推理结果。推理之后通过 get_output_tensor 方法获取预测结果，对预测结果的解析与第 14 章中 OpenCV DNN 对网络模型输出的解析非常相似，代码如下：

```
// 返回结果
auto output = infer_request.get_output_tensor();
const float* prob = (float*)output.data();
float max = prob[0];
int max_index = 0;

// 寻找最大分类可能
for (int i = 1; i < 6; i++) {
    if (max < prob[i]) {
        max = prob[i];
        max_index = i;
    }
}
```

上述代码从预测结果中寻找最大置信度值的标签索引，然后根据索引得到对应的标签文字，最后把文字显示在图像上，上述代码的运行结果如图 15-8 所示。

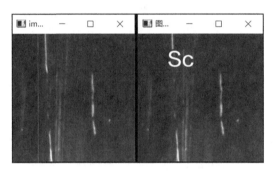

图 15-8　OpenVINO 缺陷分类预测

15.3　OpenVINO 支持 UNet 部署

本节会将 14.4.2 节的 UNet 道路裂纹缺陷检测模型部署到 OpenVINO 框架中，并实现推理预测。

OpenVINO 实现 UNet 推理的整个流程与 14.4.2 小节的基本一致。不同之处在于模型加载、模型输入数据设置和模型推理预测，下面将重点给出不同之处的代码解析。

1）UNet 模型加载，代码如下所示：

```
ov::CompiledModel compiled_model = ie.compile_model(onnx_path, "CPU");
ov::InferRequest infer_request = compiled_model.create_infer_request();
```

2）设置输入数据。首先获取输入层的 Tensor 数据，然后通过图像预处理把输入图像转换为输入层支持的 Tensor 数据格式，并填到 Tensor 数据中。图像预处理与输入数据填充代码实现如下：

```
// 请求网络输入
ov::Tensor input_tensor = infer_request.get_input_tensor();
ov::Shape tensor_shape = input_tensor.get_shape();
size_t num_channels = tensor_shape[1];
size_t h = tensor_shape[2];
size_t w = tensor_shape[3];

// 图像预处理
Mat gray, blob_image;
cv::cvtColor(image, gray, cv::COLOR_BGR2GRAY);
resize(gray, blob_image, Size(w, h));
blob_image.convertTo(blob_image, CV_32F);
blob_image = blob_image / 255.0;

// 四维格式（即 NCHW）
float* image_data = input_tensor.data<float>();
for (size_t row = 0; row < h; row++) {
    for (size_t col = 0; col < w; col++) {
        image_data[row * w + col] = blob_image.at<float>(row, col);
    }
}
```

3）推理与获取预测结果。同步推理之后，从输出层获取预测结果，对预测结果的解析与 OpenCV DNN 部署 UNet 进行推理的预测结果解析相似，这里就不再赘述了。推理与获取输出层预测结果的代码如下：

```
// 执行预测
infer_request.infer();

// 获取输出层预测结果
auto output_tensor = infer_request.get_output_tensor();
const float* detection = (float*)output_tensor.data();
```

使用测试数据测试的结果如图 14-14 所示。

15.4　OpenVINO 支持 YOLO 5 部署

本节使用第 13 章中生成的 YOLO 5 ONNX 格式的模型文件，在 OpenVINO 最新版本中实现部署。同时对比一下 OpenCV DNN 与 OpenVINO 上的推理速度。首先来看一下在 OpenVINO 上完成 YOLO 5 推理的代码实现。

在 OpenVINO2022 上实现推理，YOLO 5 6.x 版本要比之前的版本简单一些：一方面是因为 OpenVINO2022 版的 API 函数易用性有所提升；另一方面是因为 YOLO 5 6.x 模型的最后输出层有所改进。在图像预处理与后处理环节直接重用了第 13 章的相关代码，因此不再赘述。这里重点解释从模型加载到推理各步的代码实现。

1）模型加载。直接使用 CPU 作为推理设备，加载模型文件，目的是与第 13 章的推理设备保持一致，代码如下：

```
// 模型加载
ov::Core ie;
ov::CompiledModel compiled_model = ie.compile_model(onnx_path, "CPU");
ov::InferRequest infer_request = compiled_model.create_infer_request();
```

2）输入与输出数据格式获取。加载模型之后，通过获取指定输入层与输出层的名称，可以获取对应层的格式维度信息，代码实现如下：

```
// 获取输入层格式维度信息
auto input_image_tensor = infer_request.get_tensor("images");
int input_h = input_image_tensor.get_shape()[2];
int input_w = input_image_tensor.get_shape()[3];

// 获取输出层格式维度信息
auto output_tensor = infer_request.get_tensor("output");
int out_rows = output_tensor.get_shape()[1];
int out_cols = output_tensor.get_shape()[2];
```

数据预处理和将数据填充到 Tensor 中的代码实现与之前的代码相似，这里就不再重复给出了。

3）模型推理与后处理。执行完推理之后，从输出层获取 Tensor 数据，然后构建一个 Mat 对象，剩下的后处理工作与第 13 章 OpenCV DNN 模块的部署代码完全一致，此处不再赘述。在推理环节，把 Tensor 数据转换为 Mat 对象的代码如下：

```
// 执行推理计算
infer_request.infer();
// 获得推理结果
const ov::Tensor& output_tensor = infer_request.get_tensor("output");
// 解析推理结果
cv::Mat det_output(out_rows, out_cols, CV_32F, (float*)output_tensor.data());
```

我在个人笔记本电脑上用同一段视频文件对比了 YOLO 5 自定义对象检测模型的推理速度，统计的结果如表 15-1 所示。

表 15-1　YOLO 5 在不同平台上的推理速度（CPU i7 11th）

平台	帧率 /FPS
OpenCV DNN	11
OpenVINO	32

由表 15-1 可以看出，在前 / 后处理代码完全相同，硬件设备、模型、测试数据也相同的情况下，OpenVINO2022.x 基于 CPU 部署 YOLO 5 之后的推理速度可以获得明显提升，是更好的选择。

15.5 小结

本章详细介绍了 OpenVINO 框架中推理引擎（即 Runtime 组件）的使用，包括 OpenVINO 的安装与环境配置，以及 OpenVINO。2.0 API SDK 函数解释与推理流程演示。本章实现了图像分类、对象检测、语义分割等经典网络在 OpenVINO2022.x 上的部署，并给出了代码演示结果，以帮助读者进一步扩展技能地图，提升 OpenCV 与 OpenVINO 结合使用的编程技巧。

通过本章的学习，读者可以理解如何在 CPU 上实现模型推理加速。受限于本书篇幅，读者可以自行学习 OpenVINO 官方教程与 Intel AI 开发者社区的免费视频课程。

第 16 章

CUDA 加速

本章将介绍 OpenCV 开发中另外一个经常使用的加速方法——CUDA 加速。CUDA 加速比 OpenVINO 的加速与推理方式更加简单、快捷，但主要是针对 GPU 硬件设备的，而且需要重新编译 OpenCV 源码。虽然整个过程相对复杂，但这是 OpenCV 开发者必须掌握的核心技能之一。

16.1 编译 OpenCV 源码支持 CUDA 加速

CUDA 功能支持的相关模块均在 OpenCV 的扩展模块中，需要开发者自行编译集成。编译 OpenCV CUDA 支持，需要先下载 OpenCV 对应版本的扩展模块源码压缩包，本章以 OpenCV4.5.4 版本为例，下载路径如下：https://github.com/opencv/opencv_contrib/archive/refs/tags/4.5.4.zip。

1. OpenCV4.5.4 + CUDA 编译

要想使用 CUDA 加速，首先需要从源码编译 OpenCV，以生成支持 CUDA 的版本。对初次接触 OpenCV 源码编译的开发者来说，整个编译过程存在很大的挑战，但这也是 OpenCV 开发者必须掌握的一项开发技能。Windows 下的整个编译过程可以分为如下几步。

1）安装编译工具与依赖软件。

需要先检查硬件是否包含英伟达独立显卡，然后检查显卡驱动是否正确安装了最新版本，最后下载与独立显卡对应的 CUDA 与 cuDNN 加速工具链，并进行正确安装与配置。具体步骤可以参考笔者在 Bilibili 网站的视频教程（OpenCV 学堂）：https://www.bilibili.com/video/BV1ZT411J7zS，视频标题为 OpenCV4.5.4+CUDA11.0.x 源码编译与 YOLO 5 加速测试。

这里相关依赖软件的版本信息如下：

```
-Win10
-VS2017
-CMake 3.13.x
-OpenCV 4.5.4
-CUDA 11.0.x
-cuDNN 8.2.0
```

2）CMake 的配置与生成。

完成依赖软件的安装与配置之后，首先需要打开 CMake，设置好源码的路径与编译生成的路径，然后单击 Configure 按钮，会出现如图 16-1 所示的配置界面。

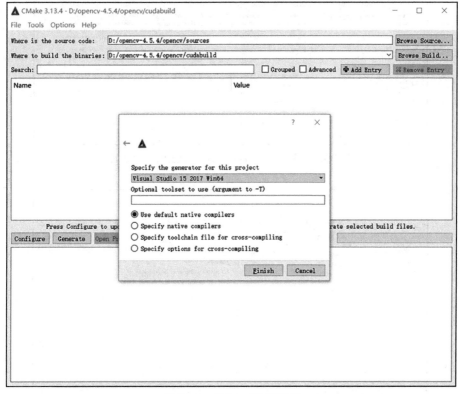

图 16-1　CMake 配置界面

图 16-1 所示的界面只有在首次运行时才会弹出，上述设置表示将源码编译为 x64 库。编译器设置完成之后，再单击 Generate 按钮执行从源码创建 OpenCV C++ 工程项目。完成之后搜索关键字"cuda"，在出现的界面中将 3 个选项都勾上，如图 16-2 所示。

先搜索 opencv_ex，以设置扩展模块的源码路径，设置好之后单击 Configure 按钮，如图 16-3 所示。

接着搜索 cuda 关键字，将如图 16-4 所示的选项全部勾选上。

图 16-2　CMake 生成与 CUDA 加速的选项设置

图 16-3　设置扩展模块的源码路径

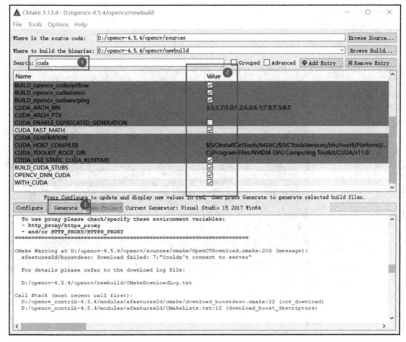

图 16-4　CUDA CMake 编译设置界面

最后搜索下面的几个模块，然后全部取消选中（默认是选中状态）：

❑ xfeatures2d。

❑ wechat_qrcode。

❑ face。

❑ 所有 TEST 模块。

然后单击 Generate 按钮，完成 OpenCV 的 Visual Studio 工程生成。

3）Visual Studio 2017 工程编译与生成。

在完成第二步的基础上，直接双击 D:/opencv-4.5.4/opencv/newbuild 目录下的 OpenCV. sln 工程文件，切换到 Release 模式下。右击 ALL_BUILD 选项后选择"生成"命令完成运行，再次右击 INSTALL 选项后选择"生成"命令。这两次的过程都比较漫长，编译完成之后（见图 16-5），会在指定编译路径 newbuild 目录下生成一个名为 install 的文件夹，它就是我们所需要的。至此，newbuild 目录下的其他文件夹都可以删掉了。这样就完成了支持 CUDA 加速的 OpenCV 工程编译，注意 OpenCV 工程编译的整个过程会比较耗时，需要耐心等待。

4）重新配置开发环境。

完成工程编译之后生成的 Install 目录结构如下：

```
Install----bin
     |--------etc
```

```
|--------include
|--------x64----lib
|----------|------bin
```

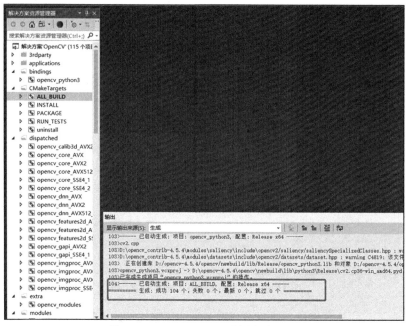

图 16-5　Visual Studio 编译与库生成

其中，x64/lib 里面存放了生成 OpenCV 各个模型对应的 lib 文件，这些都需要配置到 Visual Studio 链接器。对应的 lib 目录和 include 目录分别为库目录和包含路径目录，最后将 x64/bin 对应的路径配置到 Windows 10 系统的环境变量中去。

注意： 这里的路径必须重新配置，首先要删除之前的 OpenCV 相关配置，相关的视频参考链接请参见作者在 Bilibili 网站上发布的"OpenCV 学堂"视频。

2.代码测试

完成了 OpenCV+CUDA 的编译与配置之后，必须运行一段测试代码来验证编译与配置是否真的成功了，测试代码如下：

```
cuda::printCudaDeviceInfo(cuda::getDevice());
int count = getCudaEnabledDeviceCount();
printf("GPU Device count %d \n", count);
```

上述代码主要是查询并打印运行 PC 的硬件支持信息，结果如图 16-6 所示。

从图 16-6 所示的运行结果信息可以看到，测试笔记本电脑上有 GTX3050Ti 的显卡硬件支持，CUDA 运行时版本为 11.0。得到这个运行结果说明验证已通过，OpenCV4.5.4+

CUDA11.0 编译与配置都成功了，下面就来详细解释 OpenCV CUDA 相关的开发技术。

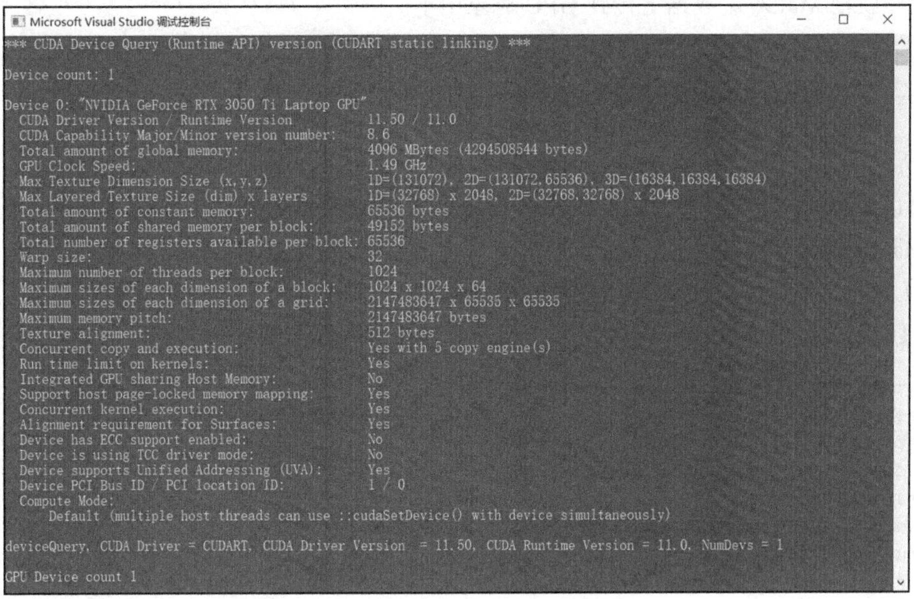

图 16-6　PC 的硬件支持信息

16.2　用 CUDA 加速传统图像处理

OpenCV 支持 CUDA 加速的模块包含了图像处理、视频分析、卷积滤波、特征提取等传统的图像处理算法。通过 CUDA 模块接口函数调用这些算法可在进行传统图像处理时获得更快的处理速度，实现对图像对齐、特征检测、视频分析的实时处理。在正常情况下，OpenCV 中图像处理所得的数据存储在内存中，而基于 CUDA 的 GPU 需要把数据移到显存中处理，然后执行 CUDA 加速的相关函数进行处理，处理完成之后再把数据移到内存中。本节将详细探讨 OpenCV 支持 CUDA 加速传统图像处理的相关函数与处理流程。

16.2.1　Mat 与 GpuMat

在 OpenCV 中，使用 CUDA 加速传统的图像处理，需要把读取的 Mat 对象上传到 GPU 支持的 GpuMat 对象，然后调用 CUDA 加速相关的 API 函数，处理完成后再次从 GpuMat 中下载 Mat 对象数据，完成正常的输出结果显示即可。完成 Mat 与 GpuMat 对象传输的函数如下。

1）将 Mat 对象上传到 GpuMat 对象函数，代码如下：

```
void cv::cuda::GpuMat::upload(
    InputArray arr
)
```

上述代码首先会初始化一个 GpuMat 对象，然后调用 upload 函数，输入参数为 Mat 对象。这样就把 Mat 对象数据上传到 GPU 对象中了。

2）将 GpuMat 对象下载到 Mat 对象函数，代码如下：

```
void cv::cuda::GpuMat::download  (
    OutputArray dst
) const
```

通过该函数可以获取 CUDA 相关函数处理之后的 Mat 对象作为输出。其中，dst 是输出的 Mat 对象。

3）灰度转换。基于 CUDA 的图像处理函数用于实现 Mat 与 GpuMat 数据的相互转换，基于 CUDA 版本的 cvtColor 函数用于实现灰度转换。代码实现如下：

```
Mat image = imread(rootdir + "lena.jpg");
imshow("image", image);
Mat gray;
cuda::GpuMat gmat, gpu_gray;
gmat.upload(image);
cuda::cvtColor(gmat, gpu_gray, COLOR_BGR2GRAY);
gpu_gray.download(gray);
imshow("gray", gray);
```

上述代码实现了 CUDA 版本的彩色图像到灰度图像的转换。在使用 OpenCV CUDA 支持的相关模块时需要引用对应的模块头文件，这里把 OpenCV4.5.4 中传统图像处理需要引用的头文件全部单独写到了 cuda_demo.h 文件中，读者只需要获取本书源码，然后引用 include 这个头文件即可。

16.2.2 加速图像处理与视频分析

本节将通过两个 CUDA 加速的示例代码，演示如何使用 CUDA 模块的相关功能，以实现程序加速。

1. 双边滤波

高斯双边滤波函数（见 5.7 节）可以对人脸进行美颜处理，但缺点是速度比较慢，无法进行实时渲染，这里可以借助 OpenCV 的 CUDA 加速，实现实时双边滤波。示例代码如下：

```
VideoCapture cap;
cap.open("D:/images/video/fbb.avi");
Mat frame, result;
GpuMat image;
GpuMat dst;
while (true) {
    int64 start = getTickCount();
    bool ret = cap.read(frame);
    if (!ret) break;
```

```
image.upload(frame);
cuda::cvtColor(image, image, COLOR_BGR2BGRA);
cuda::bilateralFilter(image, dst, 0, 100, 10);
dst.download(result);
// cv::bilateralFilter(frame, result, 0, 100, 10);
double fps = getTickFrequency() / (getTickCount() - start);
putText(result, format("FPS: %.2f", fps), Point(50, 50), FONT_HERSHEY_
    SIMPLEX, 1.0, Scalar(0, 0, 255), 2, 8);
imshow("GPU-demo", result);
char c = waitKey(1);
if (c == 27) {
    break;
}
}
```

上述代码对一段视频实现了双边滤波处理，通过对比测试，CPU 版本运行的 FPS 值在 5 左右，GPU 版本执行的 FPS 值在 150 ～ 180 之间，得到了数十倍的加速，加速效果非常显著。由此可以看出，对于这类浮点数运算耗时操作，CUDA 可以取得良好的加速效果。

2. 视频背景分析

在 OpenCV CUDA 模块中有一个模块是针对视频背景分析的，根据前文所讲的内容，我们已经了解了视频背景分析的相关函数与用法。相比之前的函数，每个 CUDA 函数前面只是多了个 "cuda::" 的前缀命名空间限制。下面首先创建一个 CUDA 版本的视频背景提取对象实例。代码如下：

```
auto mog = cuda::createBackgroundSubtractorMOG2();
Mat frame;
GpuMat d_frame, d_fgmask, d_bgimg;
```

然后将视频的每一帧读取到 frame 中，再转换为 d_frame，调用相关函数即可实现对视频当前帧的分析。示例代码如下：

```
// 背景分析
d_frame.upload(frame);
mog->apply(d_frame, d_fgmask);
mog->getBackgroundImage(d_bgimg);
```

然后，将分析结果下载到 Mat 对象中输出，并显示分析结果。最终与第 10 章中介绍的 CPU 视频背景分析速度相比，CUDA 版本的处理速度提高了 10 倍左右，帧率从 35 FPS 左右提升到了 380 FPS 左右，可见 CUDA 对传统算法的加速效果也非常明显。

通过上面两个示例代码演示可以看出，OpenCV CUDA 对传统视觉算法的加速效果相当明显，那么，CUDA 支持 DNN 加速吗，效果如何？下面一起来探索吧！

注意：测试 PC 的相关硬件信息：CPU 采用 Intel Core i7 11th；GPU 采用 GTX3050Ti。

16.3　加速 DNN

深度学习从训练到推理都严重依赖于计算平台的算力，可以说硬件算力在很大程度上决定了深度学习在各个应用场景下应用的效果。那么如何合理利用硬件资源让 OpenCV 的神经网络部署推理速度更快呢？前面已经针对 CPU 平台部署了 CPU 加速框架 OpenVINO，但是在一些有 GPU 资源的应用场景中，OpenCV 可以使用 CUDA 实现 GPU 推理加速，同样也能取得非常好的效果。本节将对比人脸检测模型在 CPU 和 GPU 上的推理速度（FPS）。

1. GPU 加速推理

网络模型支持 CUDA 加速的设置代码如下：

```
net.setPreferableTarget(DNN_TARGET_CUDA);
net.setPreferableBackend(DNN_BACKEND_CUDA);
```

上述代码表示用 GPU 作为网络模型的计算设备与计算后台。

2. CPU 加速推理

```
net.setPreferableTarget(DNN_TARGET_CPU);
net.setPreferableBackend(DNN_BACKEND_OPENCV);
```

上述代码表示用 CPU 作为网络模型计算设备，以 OpenCV 作为计算后台。针对同一段视频文件（1280×720 像素），CPU（Intel Core i7）运行帧率在 70 FPS 左右，GPU（GTX 3050Ti）运行帧率在 190 FPS 左右，可以看出 GPU 作为网络模型计算设备的运行速度提升了 2 倍以上。CUDA 加速的 OpenCV DNN 人脸检测运行截图如图 16-7 所示。

图 16-7　CUDA 加速的 OpenCV DNN 人脸检测运行

其中，人脸检测程序的代码实现与前面静态图像的处理实现不同，这里针对的是视频中的每一帧图像，所以首先需要加载网络，然后循环读取视频的每一帧，完成每一帧图像的人脸检测，计算帧率即可。代码结构大致如下：

```
dnn::Net net = readNetFromTensorflow(modelBinary, modelDesc);
net.setPreferableTarget(DNN_TARGET_CUDA);
net.setPreferableBackend(DNN_BACKEND_CUDA);
```

```
// 打开视频文件
......

Mat frame;
while (capture.read(frame)) {
    int64 start = getTickCount();
    if (frame.empty())
    {
        break;
    }
    // 人脸检测
    // 参考第 12 章的相关代码
    ......
}
```

关于上述代码的完整源码，读者可以自行查看本书对应章节的源码。

3. 加速 YOLO 5 推理

第 15 章所介绍的内容实现了将 YOLO 5 部署在 CPU 上，以实现加速运行。这里通过修改第 13 章所讲的 YOLO 5 的 OpenCV DNN 推理代码，实现 CUDA 推理加速。运行对比可以发现 YOLO 5 在不同平台上的推理速度，如表 16-1 所示。

表 16-1　YOLO 5 在不同平台上的推理速度（硬件配置：GPU3050Ti 与 CPU i7 11th）

平台	帧率 /FPS
OpenCV DNN（CPU）	11
OpenVINO（CPU）	32
OpenCV DNN（GPU）	60

由表 16-1 的对比信息可以看到，改用 CUDA 加速之后，OpenCV DNN 部署 YOLO 5 的推理速度得到了进一步提升。

相较于 OpenVINO，CUDA 的加速更加依赖于硬件本身的计算速度与性能，对模型本身也没有特殊要求。几乎所有 OpenCV DNN 可以读进来的模型都可以通过 CUDA 方式加速，从而提升运行速度。而 OpenVINO 加速方式对 ONNX 的兼容性支持非常好，是在 CPU 上部署模型的首选加速框架。因此在实际的应用场景中，读者可以根据需要选择合适的 DNN 加速方式。

16.4　小结

本章介绍了 OpenCV 中的 CUDA 模块的编译方法与相关的函数支持，帮助读者掌握 OpenCV CUDA 模块的基本开发知识，从而实现对传统图像处理与深度学习模型的加速处理。

本章涉及的源码没有在相关章节中全部给出，主要是考虑这些代码与前面章节介绍的代码相似。但是对源码的学习依然是本书的一个重要环节，读者可以自行查看、修改与运行随书提供的源码。

推荐阅读

机器学习：使用OpenCV和Python进行智能图像处理

作者：Michael Beyeler ISBN：978-7-111-61151-6 定价：69.00元

OpenCV 3和Qt5计算机视觉应用开发

作者：Amin Ahmaditazehkandi ISBN：978-7-111-61470-8 定价：89.00元

计算机视觉算法：基于OpenCV的计算机应用开发

作者：Amin Ahmadi 等 ISBN：978-7-111-62315-1 定价：69.00元

Java图像处理：基于OpenCV与JVM

作者：Nicolas Modrzyk ISBN：978-7-111-62388-5 定价：99.00元